作者 青井哲人
譯者 張亭菲

一座城市被烙傷，
而後自體再生的故事

彰化一九〇六

目次

前言

這裡有一幅圖（圖1、圖2）。

右邊可看到「彰化市大觀」的標題及「常光」的落款，發行年代為一九三五（昭和十）年。彰化原本就沒有留下豐富的照片、地圖等資料，因此，在追溯彰化的歷史時，經常會使用到「常光」所繪的這幅圖。此圖的魅力，應該是在於以最明快的形式傳達彰化這座城市鮮明的整體樣貌吧。彰化藉由在日本帝國中的地理位置、周邊地形，以及彰化驛（彰化車站）、彰化孔廟、彰化神社等冠上城市之名的設施，畫出城市的明確輪廓。依據上述要素，這張圖成功勾勒出這座曾經樣貌特出、具統合性的城市。是的，這正是彰化的「肖像畫」。

一座城市若是有了名字，又被繪成肖像，說不定也算具有某種「人格」吧。縱覽世界史，中近世的歐洲城市不也如此？城市屢屢創造出一個個固有的「人格」，這些「人格」超越人的一生，甚至超越國家盛衰，生生不息，即使戰爭、大火，也無法奪走城市的生命。

本書要思考的是，台灣的歷史城市彰化在受到當時名為「市區改正」的都市改造事業的粗暴切割後，如何自我修復、改造，並且延續生命。不過本書既非都市政策史、都市計畫史，亦非民眾的生活史、社會史。故事的主角是城市本身，也就是「彰化」自己。

城市是活的。城市擁有物性結構，而這物性結構就像人的臉孔跟身體般，具備特徵。城市不論受到什麼樣的外力驅使，往往都會在當下做出恰好是必要程度的改變，繼續存活下去。本書便將嘗試一探其變化的機制。

那麼，就讓我們回到金子常光的鳥瞰圖吧！這張圖其實並未忠實重現一九三五年的彰化。就像肖像畫通常會將真人加以美化一樣，從某種觀點看，這張圖中的彰化也經過了美化，已在「該描繪」及「不該描繪」之間做過取捨。究竟這張圖上畫出了什麼，又有什麼是沒被畫出來的呢？

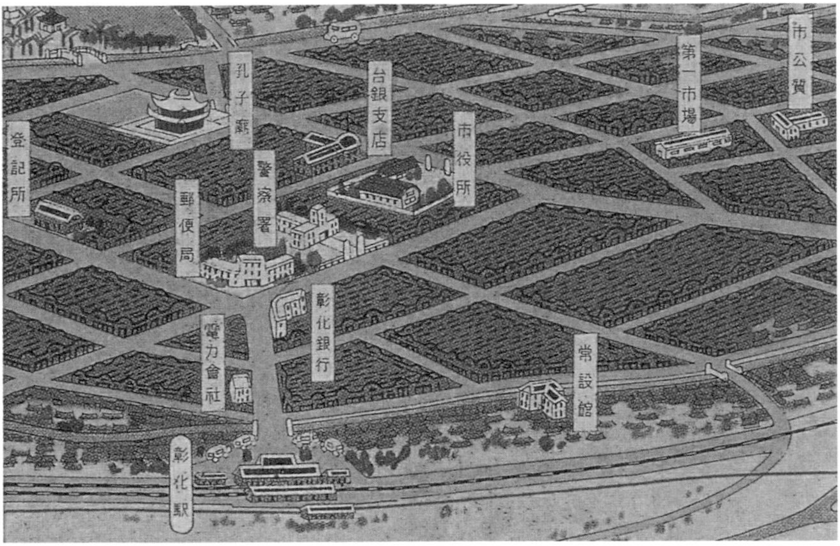

圖 2　《彰化市大觀》局部　金子常光繪，1935
圖 3　彰化驛（彰化車站）　明信片

第一章
被繪出，與未被繪出的彰化

畫作中的城市

橫切過圖面前方的，是南北貫穿台灣西岸的鐵路。在這張圖的配置中，左邊為北，右邊及後方（圖上方）為南。一列吐著黑煙奔馳而來的火車，看來是由基隆出發，往台北、新竹方向，穿過台中平原的大穀倉地帶，已經出了台中，眼看著就要抵達彰化驛。由筆者手上同時期出版的《台灣鐵道旅行案內》[1]看來，彰化與台灣的兩個「門戶」港灣城北基隆、南高雄間的鐵路距離，各是二一六公里與一八八公里，在南北狹長的台灣島上，彰化約略位於正中央。

在彰化車站（圖3）的月台下車，出了剪票口，站前廣場洋溢著城市的喧囂：

1 《台灣鐵道旅行案內》（台灣鐵路旅遊指南），台灣總督府交通局鐵道部出版，一九三七。

彰化駅に下り立って、駅直前の光景を一瞥すれば、所々に現はるる建築の四角い山嶽、群がる自動車、駛る自動車、自転車に人力車、この物狂はしい情景をよそに見て悠々と行く牛車、之が即ちスピードの展観とも云ふべき駅頭第一の印象で、維新と昭和時代の交錯である。

出了彰化車站，只要瞥一眼站前光景，就會看見如山般聳立在站前的四方建築、成群的汽車、疾駛的汽車、腳踏車加上人力車，和毫不在意這紛亂情景悠然而過的牛車，這站前的第一印象，根本就像在展示各種速度似的，呈現出維新與昭和時代的交錯。

——《彰化街案內》（彰化街指南），一九三一

這裡所謂的「維新」，是指明治維新（一八六八年），而且應該是指由江戶幕府轉換到維新政府那段既開明卻還殘留舊時代氣息的時期。明治維新的「明治」

是明治天皇的年號。一九一二年大正天皇繼位，一九二六年起進入昭和天皇時代。上述引文是昭和六年的文章，從維新算起已過六十多個年頭，但如今讀來，還是能生動感受到殖民時期台灣新舊交錯的都市景觀與活力！

由站前廣場往市街的方向走去，首先映入眼簾的是左手邊的電力會社（電力公司），還有右手邊的彰化銀行，以及矗立於正前方街角的郵便局（郵局）。在此左轉，是高等女學校的寬闊校地，周邊還有公學校、女子公學校[2]等。相反地，若在郵便局前面右轉，朝警察署的左邊前進，則可來到東西南北向街道匯集的城市中心，彰化市役所（市公所）就位於這個象徵特權的地方（圖2）。彰化直到一九三三年才開始實施市制，故原為郡役所的建築物，有段時期就曾暫時充當市役所。

轉身向東面看去，八卦山的山巒往南延伸，最北端的山腰上可看到彰化神社境內（圖4、圖5，語彙集7）。殖民地時期台灣的神社絕大多數並祀開拓三神[3]與北白川宮能久親王[4]，彰化神社也是其中一例。奉祀開拓三神，是依循北海道開拓的先例，而能久親王之所以成為祭神，是因為日清戰爭（甲午戰爭）結束之後，他在指揮平定台灣的戰爭（乙未戰爭）中殉難。再往山腳下市街的方向看去，神社

2 公學校是當時殖民政府專為台灣人而設的普通教育機關。

3 大國魂命（國土的神靈本身）、大己貴命（造國之神）、少彥名命（協助造國之神）三神的合稱，在日本神話中是代表國土經營的守護神。因該三神具國土開拓、經營之性格，故在日本的新領土，即北海道、台灣、樺太（庫頁島）三地，神社成為重要祭神。

4 北白川宮能久親王於乙未戰爭率日軍征台時死亡，後被神格化，成為台灣神社主祀的神祇。

圖 4　**彰化神社境內（1927 年鎮座）**　《彰化街案內》，1931
圖 5　**彰化神社境內**　第一鳥居，前方為彰化公園。《彰化市商工案內》，1937

境內下方有座公園圖6，武德殿圖7、公會堂圖8等都立身其中。此外，在參道語彙集7上還能看到台灣銀行支店（分行）。像這樣的設施及配置，以日本的殖民城市來說並不罕見[5]，且至今依然留下不少建築。

另一方面，大大畫出的孔子廟（孔廟）圖9也很引人注目。彰化是作為大穀倉地帶的物資集散中心而發展成市，不但是台灣中部商業中心，且早在十八世紀的清代就已設置縣城語彙集2，並建有好幾座官立寺廟，包括孔廟。《台灣鐵道旅行案內》對彰化市內的寺廟就有「處處可見古代支那樣式的殿宇樓閣屹立其中，即使已經朽廢，仍能由美輪美奐的雕刻一窺古都的繁華過往」的記載。當然，這裡所說的「古代」，並非歷史學上的時代區分，而是指比近代更古老的那個年代。

讓我們再度回到市役所前，往南街（今民族路）兩側看去，這條路從開化寺（觀音亭）向南延伸，一路上軒簷比鄰，都是台灣漢人的店鋪住宅。在這片商業區裡，也能看到公設市場及公營當鋪。以前，肉類、蔬菜等大多只在路邊或廟前廣場上販賣，但當局為了改善公眾衛生、統一度量衡、安定價格等，於一九〇九年建設了紅磚市場，名為「南門消費市場」。初期由彰化街經營，改為市制後移

5 見《植民地神社と帝国日本》（殖民地神社與帝國日本），青井哲人著，二〇〇五。

圖 6　**彰化公園**　池塘底部可見彰化神社第一鳥居。《彰化市商工案內》，1937
圖 7　**武德殿**　現存。《彰化街案內》，1931

圖 8　**公會堂**　現存。《彰化市商工案內》，1937
圖 9　**彰化孔廟（1726 年創建）**　筆者攝，2007

交彰化市管理。無論如何，由此可看出城市南半邊是庶民經濟活動中心區。

這張圖把彰化描繪成一座不僅具有歷史，還嵌入各種「近代」或「日本」設施的殖民城市。

鳥瞰圖與日本帝國

對了，這幅〈彰化市大觀〉的作者「常光」，正是活躍於大正至昭和戰前間的鳥瞰圖繪師金子常光（生卒年不詳）。常光在一九三〇年代繪製了台灣全島及基隆、台北、台中、高雄等主要城市的鳥瞰圖，而〈彰化市大觀〉也是其中之一。可惜依筆者管見，還無法推測此一系列鳥瞰圖的繪製背景，不過可藉由當年鳥瞰圖盛行的情況，稍微推想昔時情景。

當時最著名的鳥瞰圖繪師，大概非吉田初三郎（一八八四～一九五五）莫屬了[6]。鳥瞰圖的作畫特徵是將視點提高到半空，大膽變形，放大所強調的對象，以及宛如魚眼鏡頭拍出的廣角透視。而且，不論主題是哪個城市，圖面遙遠的那一邊總會出現日本列島和富士山，甚至更遠方的釜山、新京（長春）等。實際上，

6 參見《吉田初三郎のパノラマ地図》（吉田初三郎的全景地圖），別冊太陽，二〇〇二，其他。

即使透過飛鳥的眼睛，也不可能看到他在圖中描繪的景觀。這樣的手法，正是為了簡單而明瞭地將帝國主義的觀點展現給大眾。

初三郎的成功傳奇令人難以置信。他出身貧農，先是擔任友禪染[7]的圖案師，之後學習西洋繪畫。大正初年因繪製京阪電鐵路線圖〈京阪電車御案內〉[8]而獲皇太子（日後即位為昭和天皇）賞識，接下來就以繪製大正天皇即位典禮所需的〈京都全市鳥瞰圖〉（一九一五）一舉成名。爾後，在宮內省、陸軍、鐵道省以及與觀光、交通相關的工商業界，甚至神社寺院等領域間建立起豐富人脈。進入昭和年代後，人脈還拓展到博覽會、出版業等層面。初三郎的足跡遍布整個日本帝國，包括滿洲、朝鮮、台灣等。日中戰爭（中國抗日戰爭）開戰後，搖身成為隨軍畫家，持續創作。

基本上，初三郎的鳥瞰圖是商業圖，以今日眼光看來，其製作場所類似人氣漫畫家工作室或電視節目製作公司。實際上，他經營了一間名為「大正名所圖繪社」（後改稱觀光社）的製作公司，本人為取材及招攬顧客等業務四處奔波，親自動手的部分其實只有草稿跟底圖，著色或其他細部工作都交由公司的眾多弟子來完成。初三郎署名的鳥瞰圖之所以能夠大量生產，原因即在此，而這也是

7 友禪染是日本傳統工藝，多用在和服上。大致分「型染友禪」與「手描友禪」。型染友禪首先由圖案師描繪圖樣，形雕工匠依此雕刻型紙，配色，再從型紙上方用刷毛將染料染上布料。

8 〈京阪電車御案內〉（京阪神電車指南），一九一三。

門下弟子自立門戶成為鳥瞰圖繪圖師，並在外開設製作公司的背景。

至於〈彰化市大觀〉的繪師金子常光，生平多不為人知，生卒年亦不詳，但他也和初三郎一樣，曾親自踏查台灣、朝鮮等帝國版圖，繪製大量鳥瞰圖。事實上，他一直被認為是初三郎最大的競爭對手。常光當初也是初三郎的得意弟子，備受倚重，兩人共同完成了不少作品。不過常光竟然在一九二二年跟初三郎「大正名所圖繪社」業務員小山吉三一起離職，另立門戶，成立「日本名所圖繪社」。由極度相似的公司名稱，即可窺見強烈的對抗意圖。據說常光還曾企圖蠻橫地將初三郎的主要贊助者們搶走。為此，初三郎立即出版《大正廣重物語》（一九二四），除將小山、金子叛離他的戲碼昭告世人，同時也大力宣傳他創立鳥瞰圖獨特繪製手法的過程及目的，將製圖幕後流程毫無保留地公諸於世。

鳥瞰圖這樣的商業圖，除了圍繞著以鐵路為主軸的觀光產業，也對社會造成諸多衝擊。支持製圖產業的贊助體制，也絕對是超乎想像的龐然大物。在當時的鳥瞰圖業界，初三郎與常光可說是繪圖師中的一對瑰寶。

計畫中的未來

說到這裡似乎有點離題了。為慎重起見，讓我們再從頭確認一次：由台灣總督府掌政的台灣殖民統治，始於一八九五年，到一九四五年為止，剛好五十個年頭，也就是半個世紀。〈彰化市大觀〉刊行於一九三五年，正好是台灣受殖民統治的第四十個年頭，就歷史的結果來看，在這個時間點上，整個統治時期大約已過了八成。細節部分暫時留待後文再談。

漢人從十七世紀初葉起活躍於彰化，到了十八世紀清朝更在此地設立縣城，同時改名「彰化」。對傳統華南城市舊彰化縣城而言，受日本殖民統治的這半個世紀絕不算短。實際上，常光所繪製的鳥瞰圖，當然不會是原本的那座舊彰化縣城，而是已經被大大改造過的「殖民城市彰化」。

雖然建設前述各項設施只是殖民城市彰化的一部分，但大體上以棋盤狀格子為基調、站前巴洛克式斜向相交的街道格局，都是城市大規模改造的結果。此外，沿街建築物的外觀都被畫成同一個樣子，仔細一看，根本就只是等間隔加上破風（山牆、山牆頭），以及一樓部分有「亭仔腳」之稱的步廊連綿不絕而已。除孔廟等原有建築物外，整張圖所描繪的每一個角落，都是不折不扣的全新景觀。

坦白說，這些正是殖民政府耗費二十世紀前半光陰推行城市改造所造就的殖民城市樣貌，若說這張圖是龐大財政界藉由贊助支持鳥瞰圖繪師，再透過觀光管道向日本本國人傳達的印象，亦不為過。筆者之所以會與常光的鳥瞰圖交互引證，是因為《台灣鐵道旅行案內》也遵守了此一準則之故。常光似乎實際造訪過彰化，姑且不論他當時是否畫下速寫，要在這麼短的時間內蒐集到精確資訊，似乎不太可能，想來應該是從鐵道部、地方廳等相關單位人士手中取得資料的吧？而且，若說他手上沒有《台灣鐵道旅行案內》這本最具代表性的台灣旅遊導覽書，也不大合理。

由同書所刊載一九三〇（昭和五）年當時的統計看，彰化的人口有二三、二〇七人，以當時用語來說，人口組成分成：本島人九一％、內地人六％、外國人三％（本島人指台灣漢人，內地人指居住在台灣的日本人）。為作比較，我們舉日治時期在彰化附近規劃建設的新興城台中為例，同時期台中人口為五四、二〇九人，本島人占七三％、內地人廿四％、外國人三％。在台灣全島，本島人占人口九二％、內地人四～五％，即使把內地人原就有聚居於城市的傾向考慮進去，台中的日本人仍多得異常。相反地，對於有必要實施市制的樞紐城市彰化來說，日本人則是少之又少。借用《台灣鐵道旅行案內》所使用的語彙：彰化正是座「純本島人城市」。

順帶一提，「計畫城市」台中一出現，便把「歷史城市」彰化從台灣中部中心都市的寶座上給擠了下來。實際上，當時雖然也有個說法，說彰化在「領台後一度有衰微的趨勢」，不過一九二二年縱貫鐵路海線開通後，就再度帶動彰化地區各種產業，物資集散也變得更加活絡[9]。一九二〇年，該市人口約一萬七千人，之後的十年間共增加了六千人，亦即成長卅五%左右。只不過，即便如此，彰化終究還是個不折不扣的「本島人」商業都市。

話說回來，那個被「近代」、「日本化」設施填滿，容貌整齊畫一的城市，居然還有「純本島人城市」之稱，不覺得像是在看一組蹩腳電影的布景嗎？而地圖上的彰化之所以讓人覺得不實際，正是由於常光刻意略過殖民政府改造不完全的那些殘留的部分舊城。但只要實地走一回今日的彰化，便可明瞭，現實的城市中，至今還留有十九世紀前就已形成的窄小巷道，行人、摩托車便在那些無法一眼望穿、昏暗窄小的巷道中穿梭往來圖10、12。

9 見《日本地理風俗大系》第十五卷台灣篇，一九三一。

不過，殘存的街道也不盡然是支離破碎的，甚至還可能是一整片生意盎然的網絡。只要走在這樣的小巷裡，便可以遇到許多不臨大馬路的廟宇。常光雖然將孔廟、節孝祠等官立的儒家廟宇，以及以祭祀媽祖著稱的南瑤宮（位於市街地南邊）收入他的鳥瞰圖裡，但也是基於某些考量的篩選結果吧！因為那時的彰化單在市街範圍內，應該就散布著大大小小共計三十至四十座寺廟。

說得更清楚些，常光的鳥瞰圖，也不過是在繪製一張「成果圖」罷了。在一九三五年，那張圖所顯示的街道格局離完成改造的彰化還有好一大段距離呢！不如說，這張圖幾乎根本就是城市改造計畫圖，也就是說，他畫的是「計畫好的未來」。

「計畫」的性質，在於看待計畫能如何操作城市，及其反面沒能操作到的部分，這樣討論才能進行下去。因此，我們也必須看看那些被「計畫」遺留下來的東西。接下來，就讓我們一步步地剖析「被繪出的彰化」及「未被繪出的彰化」兩者的關係。

圖10　彰化市內巷道路網　筆者攝，2005

圖 11　**彰化市內巷道路網**　賜福祠，筆者攝，2005
圖 12　**彰化市內巷道路網**　筆者攝，2005

第二章
截斷的痕跡

日本殖民地城市相關研究領域的積累汗牛充棟，卻幾乎清一色都從政策面來探討都市計畫[10]。縱然曾經意識到「一個政策實際上如何改變了城市」，或「因政策的衝擊使城市朝怎樣的方向去改變」之類的疑問，恐怕大多也只是輕措淡寫。即使解析個別城市的演變過程，不少研究也只是將計畫圖沿時間軸排列、表示出來。如此一來，豈不是跟金子常光的都市鳥瞰圖差不多，在傳達城市形象時，都只描繪「被建設到的部分」及「被計畫到的部分」？不止如此，常光雖實地踏足彰化，有些部分也會刻意不畫出來，甚至經常直接下意識地遺漏。那麼，對無法踏足「實地」的我們來說，這時就必須具備一些想像力與花費心

10　筆者想就本身管見，提出幾個研究的例子，這些案例提出的都市計畫史都有意圖地嘗試超越政策史。黃蘭翔以捕捉台灣城市「文化上的多重性」為大前提，嘗試以新竹為中心事例，復原通時性的城市變遷（黃蘭翔《台湾都市の文化的多重性とその歴史的形成過程に関する研究》京都大學博士學位

思了。

本書第一個目標，是要為那些被常光的鳥瞰圖遺漏或以往殖民城市研究略過的部分平反。日本在殖民地推行的城市改造，當時稱為「市區改正」。彰化在一九〇六年公告了最早的「市區計畫」，依此計畫進行的道路建設將城市切割開來，而這些切開的斷面，將對原有建築與市區改正之間的「關係」做出最堅實的證言！

接下來所介紹的，是在上述斷面中保存狀態最完好的案例。說實話，筆者已經在彰化街上走過不知幾回，剛開始也根本不曾注意到這道斷面。但是，至今我還清楚記得當時看到的那一瞬間，突然直覺領悟到這道斷面所代表的意義，接下來便完全無法壓抑自己內心的興奮，不斷地在那周邊雀躍奔跑、反覆查看、畫下速寫。

那個完美的「物件」，正是彰化市內的眾多寺廟之一——元清觀 圖13。彰化元清觀創建於清乾隆廿八（一七六三）年。主祀神明是被大家稱為「天公」的玉皇大帝。玉皇大帝是台灣、東南亞華人間的道教最高神祇，有時也會被視為天帝，主掌萬物成長及賞善罰惡等。在台灣，一般家庭裡也經常可以見到天公爐，由

論文，一九九三年）。韓三建著眼於土地持有的變化，追蹤城市的變貌，提出精細的研究（韓三建《日本植民統治期における韓国蔚山旧邑城地区の土地所有の変化に関する研究》日本建築學會計畫系論文集第五二〇號，一九九九年六月；布野修司、韓三建、朴重信、趙聖民《韓国近代都市景観の形成—日本人移住漁村と鉄道町》京都大学出版会，二〇一〇）。陳正哲則著眼於店鋪住宅的生產組織，藉此對殖民時期台灣城市研究提出新視角及成果（陳正哲《植民地都市景観の形成と日本生活文化の定着~日本植民地時代の台湾土地建物株式会社の住宅生産と都市経営》東京大學博士學位

圖 13　**元清觀全景**　沿照片左側陳稜路的牆面被市區改正道路薄薄削去一角。筆者攝，2004

此可見天公信仰之廣泛。

日本殖民政府曾下令地方廳義務調查製作《寺廟台帳》（寺廟清冊），由該書記載看來，元清觀是福建省泉州出身的有力人士從故里香火鼎盛的天公廟分香來此創建。二十世紀初，信徒有五百名，觀方營運等基本上靠信徒捐款維持。除過去曾在地震中受損而重修的前殿（三川門）、戲台等外，主建築已有二百多年的歷史，被指定為國家二級古蹟。

引起筆者注意的，是這座道觀南面牆上某些宛如現代藝術的構成物（圖14）。幾根木材的圓形斷面凌亂地排列在朱紅色牆面上，那是樑、棟架等木結構貫穿牆壁，露了出來。再看仔細點，甚至看得到斗座跟瓜筒呢！牆壁除原先修葺過的一部分外，都是用土确（泥磚）砌成。照理來說，那應該是將圓柱半埋入牆身，只會在室內這面露出半根直立的柱身，柱上再架上通樑、棟架、大樑等，這些木結構不可能顯露在外牆。

行文至此，大家應該也都看出來了吧？因為市區計畫道路建設，元清觀的牆面被薄薄削掉一小部分。道路建設約在一九四〇年前後，那時為了闢出新路，僅在原始牆面上拆掉必須拆除的部分，同時，木作同樣也只鋸掉必須鋸掉的部

論文，二〇〇三年）。另外，堅持「都市計畫史研究」架構，有意圖地研究原有城市文化上的特質及其對殖民都市計畫產生之衝擊者，則是五島寧（五島寧《日本統治下「京城」の都市計画に関する歴史的研究》東京工業大學博士學位論文，一九九六年）。

分，然後退到新的道路界線位置上，重新砌起磚牆，將通樑、棟架貫穿牆身，加以固定。就一座頗具淵源的寺廟而言，這樣的作法不大恰當，正殿背面的角落甚至還立著一根支撐用的木桿呢！像這樣隨便將就的便宜行事，筆者認為反而更能凸顯這截斷面的切割有多尖銳。

圖15是這座元清觀及其周邊的地籍圖。五門殿前方寬闊的開放空間稱作廟埕語彙集5。往建築物的後方深入，先是正殿，接下來是後殿，兩殿前方各有一個中庭（埕院）。像這樣以建築物與中庭為「一個單位」，沿中心軸線往深處重複排列以構成建築整體的形式，名為「封閉院落式」，是一種中國傳統建築規範。問題出在市區改正道路（今陳稜路）的道路線角度稍微偏向這座傳統建築的軸線，新的道路界線就這樣從正殿前的廂廊往建築物的後方斜削過去圖16。

其實，只要道路線稍微往南平行移動一些，或稍微改變角度，就能避開上述情況。話雖如此，筆者倒無意批判殖民政府為何沒保護如此具有文化遺產價值的建築，反倒想聚焦在道路計畫的奇異之處。由此宗案例看來，當局自然沒有刻意避開既存建築的動機，卻也看不出刻意破壞的傾向。對於這樣帶著一些不以為意或漠不關心的態度，若想訴諸正義或道德來加以討伐，恐怕也只是徒勞無功吧！

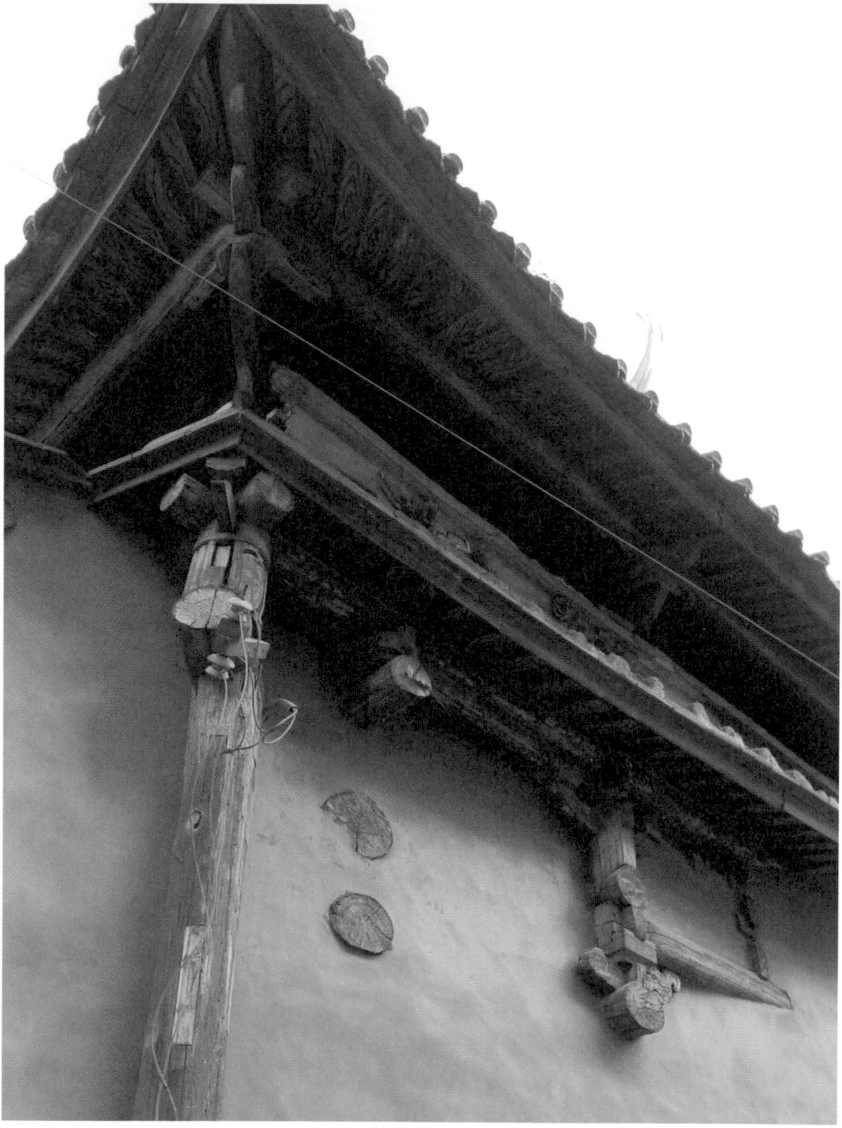

圖 14　元清觀正殿南牆面局部　筆者攝，2004

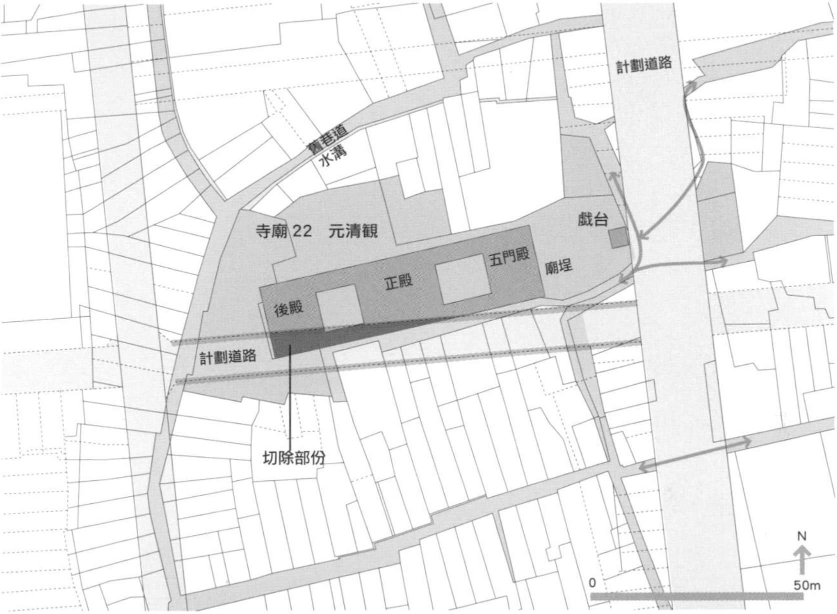

圖 15　**元清觀及其周邊**　虛線為 1939~1981 年發生之地界線。筆者以 1939 年製作之公圖為底作成。即圖 50 所標示的範圍。

圖 16　**由地面白線及燈籠的對照可得知後方的牆面被削去**　施昀佑攝，2013

第三章
重疊的城市

市區改正是截斷原有城市的宣言。現今許多台灣主要城市因為實行過市區改正，或多或少都被刻畫下由後述兩種體系重疊出的雙重性質（圖17）：

（a）華南風自然形成的城市（傳統台灣城市）
（b）日本殖民都市計畫（市區改正）

前者指漢人移民從十七世紀起到十九世紀末為止所建造的城市及聚落。在清朝的行政城市裡，雖然也有國家公權力建設的官署、官立廟宇，但城市大致上還是循自然漸進的過程，點滴累積形成。從城市實際的形態中，雖然也可見「在東西南北設置城門」等概念性的設施，但大致說來依舊缺乏計畫性、幾何學式的秩序。狹窄、曲折的巷道交織成複雜、有機的網絡，上面嵌入大量的寺廟、

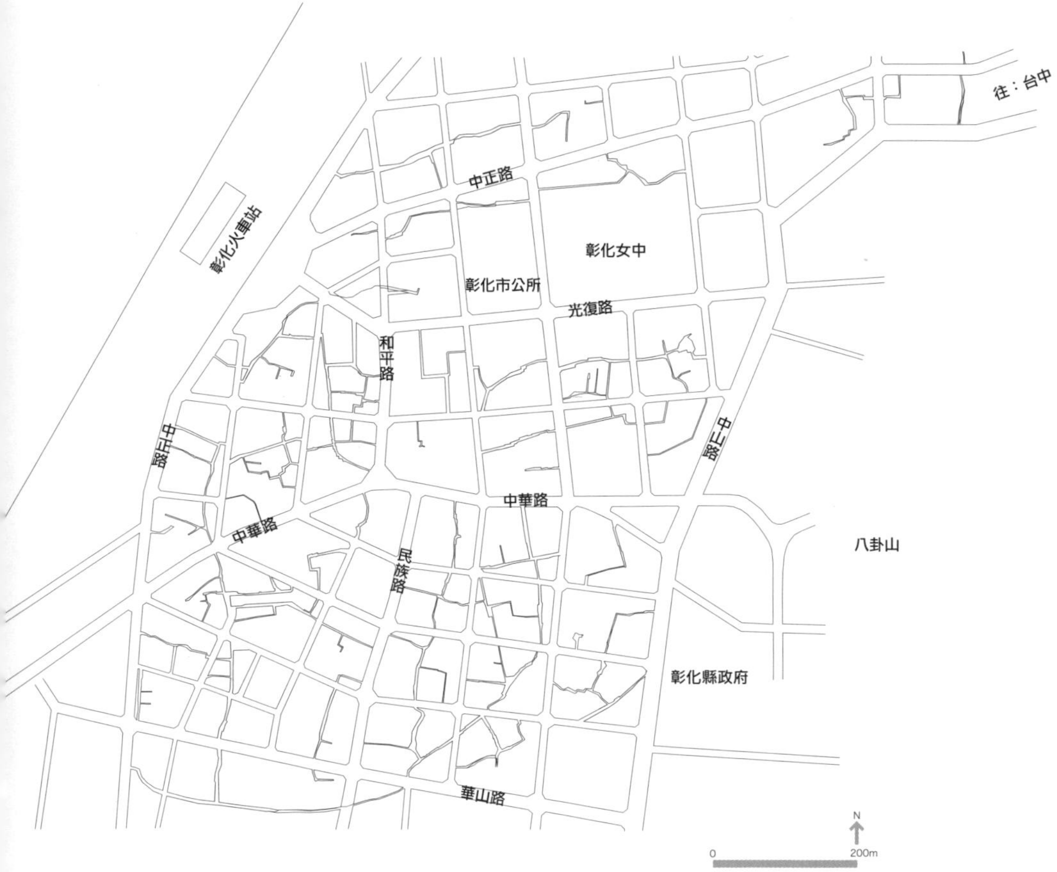

圖 17　**現今彰化市中心區域街路網**　以地形圖、地籍圖為底圖，並利用腳踏車實際探查所有街路作成，與金子常光繪的〈彰化市大觀〉對照更佳。

官署、店鋪住宅等。

後者，是二十世紀前半殖民政府試圖植入的城市形態，而這種都市形態所具備的某種性格，也是殖民者以權力一舉灌注，接下來，就只需像將計畫投影在地面上那樣，忠實地加以實現即可。由形態來看，這也呈現出幾何學秩序的計畫都市樣貌，宛如套上所謂的「網格」。近代化的官廳、學校、金融機關、公設市場等設施，均配置在垂直相交、幅寬的直線道路上。

打個比方來說好了。彰化這座城市的殖民經驗，就像是原本的華南城市被一片名為「市區改正」的燒紅鐵網強行烙傷似的。這兩種城市形態，就如上圖所見，性格幾乎完全相反，各自形成獨立系統。日治時期以降的城市形態，就因此具備了尖銳的雙重性。

調查過彰化等幾座城市後，應當能清楚看出，這種形態上的雙重性相當尖銳且不協調，但也唯其如此，之前原有形態的整個系統或網絡反而都被活生生保存了下來。筆者在台灣城市走動時，最早便是受到此一現象吸引，覺得兩種城市形態的系統即使互相撕扯，後來似乎也總是能夠復原。我們在元清觀所見的截斷痕跡，正處於這兩種城市形態的交界，也代表了遍布全城的雙重化創傷。

第四章
何謂市區改正

區畫整理與市區改正

此處為說明市區改正的原理與特性，我們就拿同樣也用在原有城市再開發上的另一種技術與制度——土地區畫整理[11]，來做一下比較。

區畫整理雖然也設置道路、下水道等都市基礎設施，但所需的土地，是由實施區域內的地權者（土地所有人）「平等」分攤。先將一塊既定區域指定為「區畫整理區域」，再將區域內部以塊狀重新組合，形成一個由寬幅的直角相交道路網、公園、長方形街區及長方形住宅地組成的集合體。從各地權者的角度看來，實施前的所有地將被轉換為實施後的土地，稱為「換地」，而針對所有換地預訂地的規畫，稱為「換地設計」。道路、公園等面積增加的部分，會導致個別所有地面積減少，稱為「減步」。

也就是說，不單是開設道路及街區形態的調整，只要在重畫範圍內，各地權

11 現今台灣稱為「土地重畫」，以下簡稱「區畫整理」。

者持有的所有土地都是重編的對象。在此情況下，以貨幣單位換算的土地價格，便成為減步、換地或「平等」等理論的依據。一塊面朝狹窄彎曲道路且形狀不完整的住宅地，不如一塊面朝寬闊道路的長方形住宅地來得有價值。即使地權者因基礎設施用地而損失一些面積，土地的資產價值卻因此增加了，得失相抵下，利益應不至於受到損害。如此一來，理論上只要計算得宜，甚至不必花費絲毫行政成本，便可取得用地。但事實上，要讓區域內所有土地都能滿足上述條件的換地計畫得以成立，不但像解開一個變數龐大的聯立方程式般複雜，還得讓所有地權者都能接受，這可是非常艱鉅的大工程！不過也正因如此，為設法解開這建立在「將土地還原為資產價值」之上的複雜方程式，官僚作業將變得更形尖銳且更本位主義。在這樣的思考迴路中，土地轉換為單價和面積等數據，而形態上也只求達成在盡可能範圍內作土地整形的目標而已，原有形態的特殊性等在此並不具意義。

相對於此，「市區改正」此一用詞，並不是指「區畫整理」這般明確的制度體系，而是僅限於「市區」（市街地）的「改正」（改造）這種程度的建設。但是，殖民地台灣的市區改正，卻是以非常原始的技術跟制度為基礎來改造及建設城市。具體而言，便是運用公權力取得建設道路和上下水道等最低限度基礎設施所需要的土地。雖然基本上手法以徵收為主，卻也同時立法實施強制徵收。美其名曰「獻納」、「義捐」的強迫捐獻，在當時的殖民地屢見不鮮，至今仍留有許多相關紀錄的公文檔案。

在與原有城市形態的關係上，雖在某些狀況下會拓寬原有街路圖18，但在彰化，因市區改正而開闢的道路幾乎都直接切割城市，與原有街道毫無關連。另一個有趣的現象是，被「整形」到的僅限於街區本身，框在街區內部的土地則完全不受波及。換句話說，市區改正最大的特徵，是不但冷酷對待因道路建設而失去的部分，對其餘部分也漠不關心。所以，若有塊土地正好畫作道路用地而被削減，與之鄰接的土地卻有可能毫髮無傷，而即使該土地有九成被取走，剩餘的一成畸零地也依然會原封不動地保留下來，至於要如何利用或處置，就隨土地所有人自己決定了圖19。在前一小節裡，我們做了一個燒紅鐵網的比喻，受到烙印而發出滋滋聲的，就只有正好被市區改正畫作道路用地的地方，其餘土地（以數量來看，其實這些才占絕大多數）便原封不動地保存原先既有的型態。這，就是雙重並存的緣由。

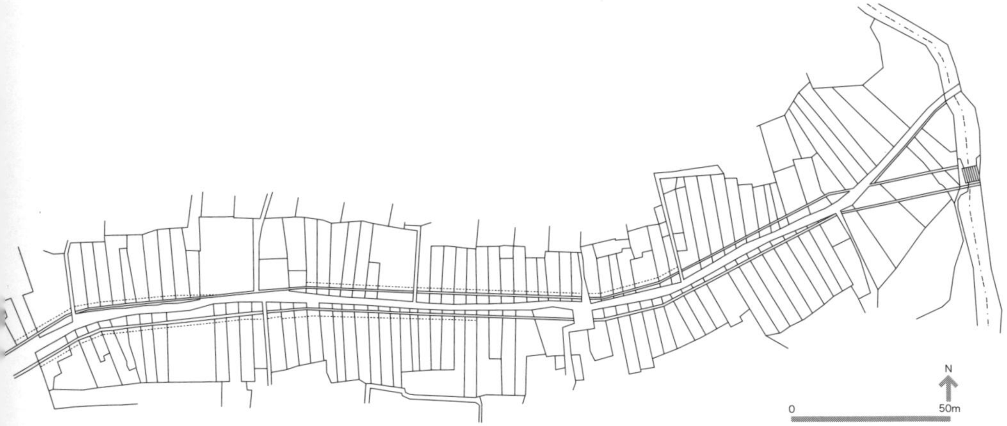

圖 18　**拓寬既有道路的道路事業實例**　市仔尾（北門外）市街地既有道路被拓寬的案例。即圖50中標示的範圍。筆者以國史館台灣文獻館藏，大正8（1919）年公文類纂（冊號6732）〈彰化街道路下水溝敷地寄附受納認可（台中廳）〉之附圖為底作成。

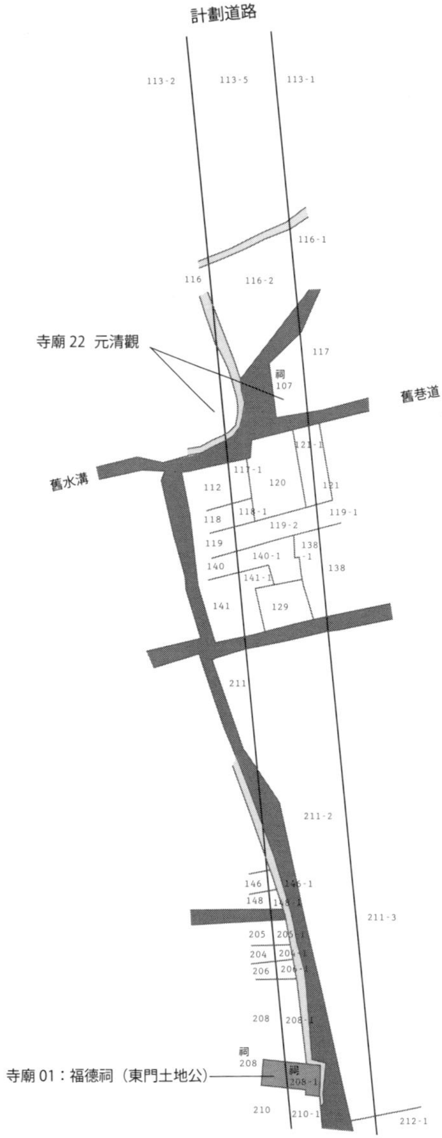

圖 19　**因市區改正道路而導致土地消失的案例**　東門附近（今民生路）。新的道路完全漠視既有道路，切割而過。筆者以國史館台灣文獻館藏，大正 9（1920）年公文類纂（冊號 6903）〈彰化街下水溝工事費並敷地寄附受納認可（台中廳）〉之附圖為底作成。

殖民城市的雙重性

由世界史角度來看，十九世紀末至二十世紀初，市街地的區畫整理已經在德國法蘭克福漸趨法制化[12]，是時，台灣總督府開始著手城市改造，而同時期，日本本土東京也正在實施市區改正。在日本的都市計畫，必須等到一九一九年所謂「舊都市計畫法」成形，才導入區畫整理。在關東大地震後的重建中艱苦推行的區畫整理，在二戰後復興（重建）及高度成長期以降的城市改造中，也發揮了巨大的力量，建構出今日日本主要城市的骨架。

有此一說：現今日本的既成市街地，其實有三分之一是經區畫整理而來，近年也將此技術移轉至海外諸地。日本是區畫整理大國，但相較於市區改正，區畫整理在日治時期的朝鮮、台灣等殖民地，卻幾乎不見成果。日本在一九三四年以「舊都市計畫法」為基準，對殖民地朝鮮立法實施區畫整理，台灣則在一九三六年，時間都算相當晚，而當時原有市街的市區改正早已進行到相當程度。區畫整理在殖民地，是適用於一九三〇年代後半的郊區新市鎮開發等。

反觀市區改正，明治時期雖然也在首都東京等幾個城市實施過，不過跟受到徹底改造的台灣、韓國都市相比，可說幾乎看不到顯著的實際成果。可以想見，

---

12 見《日本近代都市計画史研究》，石田賴房，柏書房，一九八七。

這是由於不論就經濟面或社會面而言，收購土地的成本都非常高昂。眾所周知，東京的市區改正也因受限於經費，不得不縮減規模、讓步（圖20）。區畫整理的優點是，以「受益者負擔」的方式解決這個難題，該手法便成為所謂「近代都市計畫」的支柱之一。

反觀殖民地，由於上述困難可藉由「獻納」輕易解決，不需等到近代都市計畫背後的立法完成，也能進行城市改造——以上是筆者的假設。另外，貫徹「不波及」道路用地外的土地，就推進城市改造的思考方式來說，這方針反而更引起筆者的興趣，因為相對而言，區畫整理這種技術與制度是「不得不波及一切」的。請大家記住，其實，改造日本殖民地城市所使用的市區改正，正是這種「落後的技術」。

如果說，由此孕育出來的雙重性，是日本殖民城市難以排除的特質，那麼，先將傳統華南城市的形態與日治時期市區改正的形態徹底剝離開來，個別掌握之後再解析兩者如何重合，將是我們在解剖現實的台灣城市時無可迴避的途徑。

圖 20　**東京市區改正新設計（1903 年 3 月立案、公告／ 1914 年竣工）**　與台灣、朝鮮的市區改正相較之下，計畫道路鮮少，切割既有市街地的狀況也不多見。藤森照信《明治の東京計画》（岩波書店，1982）

第五章
都市計畫的歷程

市區改正的歷程

先來談市區改正吧！基本上這部分直接看計畫圖就可以了，而且也比較容易說明。話雖如此，我們還是有必要描寫一下市區改正的歷史來歷[13]。

一八九五（明治廿八）年六月，台北總督府舉行始政式。翌年，整合總督權限及總督府官制，先從建設軍事目的的道路、鐵道、橋樑、港灣，還有廳舍、兵舍、官舍開始，各種建設事業逐漸由軍方稚移至民政部門。一八九八（明治卅一）年，兒玉源太郎總督來台就任，同時，日本殖民都市政策中最重要的人物——後藤新平就任民政長官，從此，以「衛生」與「產業」為主幹的龐大殖民地建設計畫，構圖開始成形。

---

13 見《日治時代台灣都市計劃歷程基本資料之調查與研究》，黃武達，一九九七；《植民地都市景観の形成と日本生活文化の定着》（殖民地都市景觀的形成與日本生活文化的扎根），陳正哲，二〇〇三。

首先，於北部基隆、南部高雄建設近代港灣。其次，以這兩地為端點，建設縱貫全島的鐵路（將清末建設的北半段窄軌鐵路改成寬軌，南半段的新設工程也同時進行，一九〇八年完成）。第三，建設被這條鐵路如串珠般串起來的樞紐城市。這個構圖稱得上非常明快。以此為主軸，由軍方、政府、產業推行的堅強基礎設施與資源開發、城市建設，均有實質成果。然而眾所周知，這些建設事業經常牽涉到內地（日本國內）財閥企業、政商、承包業者等單位前進台灣的利益及官商勾結。

城市建設大致可分為兩種：打造近乎全新建設的計畫城市，如基隆、台中、高雄等，以及改造原有城市，如台北、宜蘭、新竹、彰化、嘉義、台南等。市區改正在改造原有城市時，面對以狹窄彎曲的街道網為特徵的這些城市，會切出整齊而寬敞的路網，同時在街道兩側設下水道。只不過，無論是建設新興城市或改造既有城市，實際上一概以「市區改正」一詞來統括，並沒有特別區分兩者。這些計畫稱為「市區計畫」，計畫圖稱為「市區計畫圖」，而以上述為準則的道路則稱為「市區改正道路」圖21-23。

眾所周知，當時的「市區改正」與都市計畫是為同義詞。日本內地是在

圖 21　**市區改正後的街路景觀**　《台灣紹介最新寫真集》，1931
圖 22　**市區改正後的街路景觀**　明信片

圖 23　**市區改正後的街路景觀**　彰化驛前。《彰化市商工案內》(1937)

一九一九年在法律面確立市區改正制度，殖民地台灣、朝鮮則於一九三〇年代跟進，而就所謂近代都市計畫體系來看，「市區改正」的意義有其侷限。也就是說，市區改正基本上是著眼於「建設」城市，而且建設所產生的社會資本也僅限於道路與上下水道。市區計畫原本就會規劃官公廳建地及公園等處所，而且公告市區計畫也會在城市管控上發揮一定的功能。即便如此，基本上仍可以把市區改正視為「事業」的制度及技術。

設立道路、上下水道的直接目的是改善交通及衛生。彰化於日治初期也處於「市內沼澤數十處，蚊蚋為患甚烈，引發瘧疾等風土病，保健上遺憾之處不少」（《彰化街案內》，一九三一）。設置道路與上下水道或公設市場、公共浴場及確立諸制度後，衛生狀態也隨之改善。一九二〇年全島霍亂大流行之際，彰化的死亡人數雖有一百多名之譜，但之後再也不曾爆發重大傳染病。當然，這類圍繞著又寬又直的道路、經過整形的街區，也是土地開發的基礎。在這樣的街區裡建設官廳、警察局、裁判所（法庭）、學校、市場等「近代化」設施，接下來也會有紅磚造的店鋪住宅逐漸林立吧？（如前所述，這些街區內的土地開發並不納入市區改正事業範疇。）另外，創造出清潔而氣派的都市樣貌，除了能顯示統治者權威外，對於推動內地資本前進台灣、促進官僚等內地人來台定居上，也是不可或缺的計畫案。從鐵路沿線的樞紐城市著手的開發案，終究也會推展到末端的中小型城市。就這樣，作為統治與產業據點的殖民城市逐漸形成，並遍及台灣全島。

市區計畫的歷程

若回溯市區計畫的歷程，首先出現的是一九〇〇年公告的台中市區計畫，及一九〇一年公告的台北市區計畫，接下來是一九〇五年前後的幾個計畫。一九〇六年公告的彰化市區計畫，即屬於這些早期決定的計畫之一，爾後更新過數次，茲列舉如下：

（一）一九〇六（明治卅九）年　彰化市區計畫：彰化廳告示第三一號

（二）一九三七（昭和十二）年　彰化市市區計畫：同年三月台中州告示第六二號

（三）一九三八（昭和十三）年 彰化都市計畫區域及都市計畫變更：同年二月
台灣總督府告示第六四號
（四）一九四一（昭和十六）年 彰化都市計畫區域及都市計畫變更：同年十月
台灣總督府告示第八八五號
（五）一九四四（昭和十九）年 彰化都市計畫區域及都市計畫變更：同年五月
台灣總督府告示第五四四號

此外，建設市內道路的事業已經搶在上述（一）之前，於一九〇四年展開。拓寬主要道路及若干新設工程也等不及市區計畫擬定，已經趕著進行。其中最主要的是從舊彰化縣城內中心向東西南北方向放射狀延伸的四條道路，以及由北門外往台中方面延伸的街道（圖18）。上述道路中，只有由市中心往北的道路完全是新闢，其餘只是拓寬既有街道。這條新開的道路（今和平路），在《彰化市志》所載的彰化縣城圖中被畫成古道，引用或轉載此圖的其他文獻也重覆犯下相同的錯誤。的確，日治初期二萬分之一的略測地形圖《台灣堡圖》（圖32）於一八九八年開始測量，一九〇四年刊行，所以，圖中繪製的是一九〇六年市區改正公告前的狀態。不過還是不能忽略市區改正前的道路建設事業。

兩年後公告的市區計畫（一）一反從前，所有路線幾乎都是新闢。也就是說，這計畫不過是以一九〇四年早已拓寬及新闢的道路為基準，把基本上與原有街路形態毫無關連的整齊方格給整個蓋上去而已。這正是名副其實截斷原有城市的宣言圖24。

爾後，首先在彰化車站周邊以及城內東北區塊施行市區計畫。旅館、咖啡廳及警察局、郵局、銀行等設施集中在車站周邊，而在東北區塊，則拆除清朝官衙，改建為幾所學校。從一九三〇年的地圖也可看出，除這些區塊外，都市改造並沒有太大進展。如前所述，彰化在日治前期就已相當衰退、停滯，卻在一九二〇年代重新發展出「台灣中部物資集散點」的機能，商業也漸趨興盛，人口在此一時期急速增加，水道工程逐次拓展範圍，原本城內還留下的許多池塘及農地、荒地等，亦逐漸化為住宅區。

交通機関の整備、それが街の殷賑を助長せしめて人の吸収も急激に増加し、それ等の商店、工場、そして住宅の敷地は街内の空地、沼澤、郊外の耕地を埋めて巨大に拡げられ、昔の田野は住宅の原の化し。……（中略）……新興潑溂の機運に育まれつつある街衢、狭い路地古い家屋は片っ端から取り壊され拡張された道路の両側にはタイル張りの三層楼が建て並べられていくその豪勢さ。

交通機關的設立，助長了街區的繁華，吸引人們前來，人口數量也急速增加，伴隨而來的是商店、工廠林立，然後是住宅地填滿市內的空地、沼澤及郊外的耕地，並大幅擴展，往昔田野亦轉變為一片住宅……逐漸形成街衢，孕育了新興活力的發展機會，狹小巷道的老舊家屋依次拆除，以拓寬道路，路兩側是一排排貼了磁磚的三層樓房，排場豪華不在話下。

——《彰化街案內》，一九三一年

雖然實際上「貼了磁磚的三層樓房」僅見於車站前及部分鬧區，但我們至少

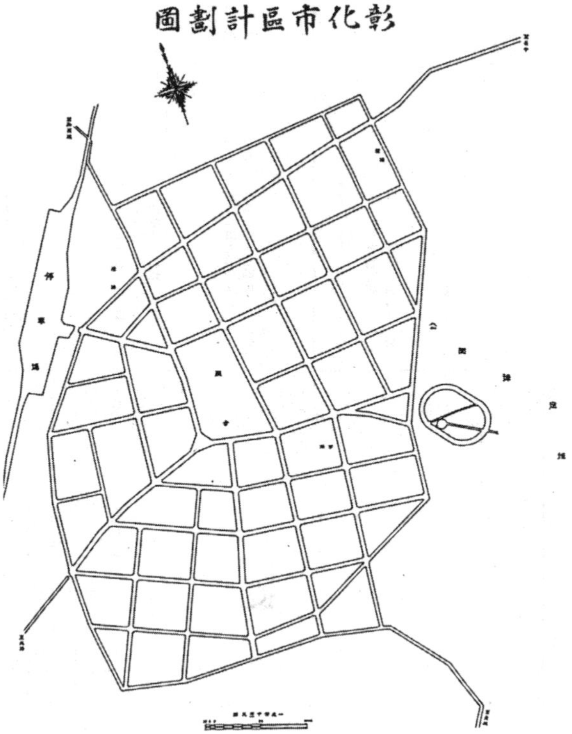

圖 24　1906 年公告彰化市區計畫　《彰化廳報》492 號 (1906 年 3 月)

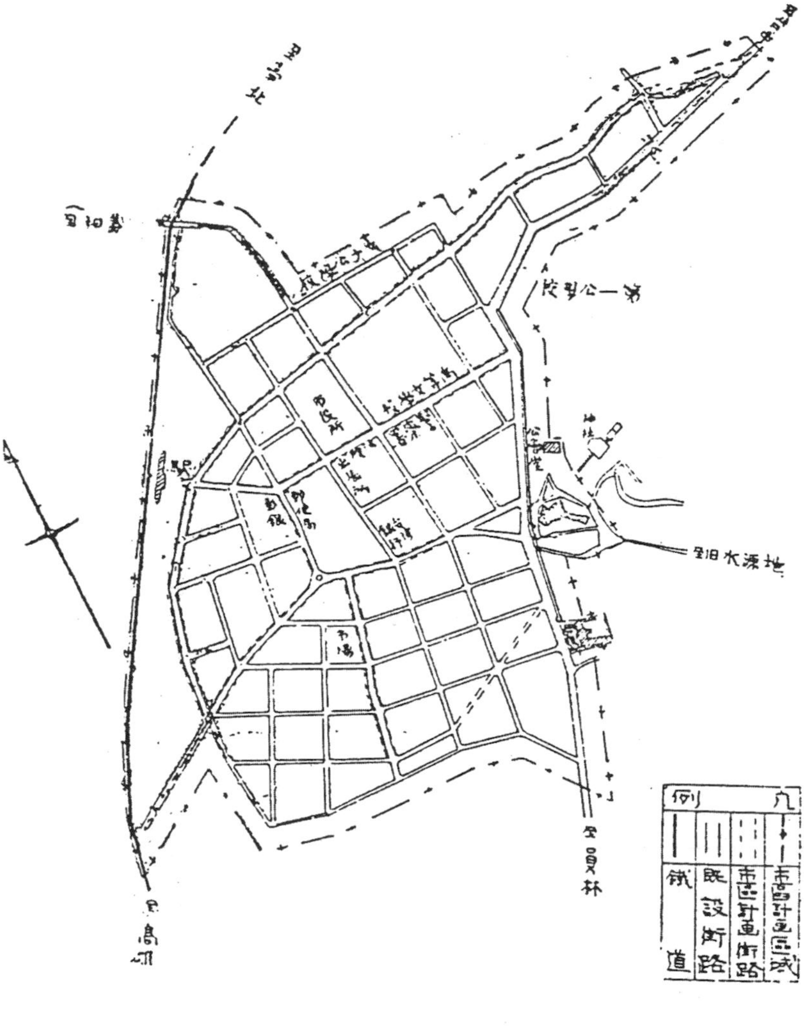

圖 25　1937 年公告彰化市區計畫　《台中州報》號外 (1937 年 2 月)

能看得出來，道路建設或住宅區開發，應該都是在一九三〇年代才迅速展開。另外，切斷元清觀的道路（今陳稜路）開闢於一九四〇年左右。

另一方面，當局還拆除原本圍繞彰化市區的城牆及城門，拆除後的遺跡大部分被闢為道路。在二十世紀初似乎仍有相當多城牆殘存，有些城牆拆除後剩下的磚塊被回收利用，作為下水道工程的材料。比如說，在建設下水道的初期，有份一九〇三年彰化廳長向總督提出的申請公文，內容是：因預算有限，想利用城牆磚塊建設下水道，以節省經費。文中並提到當時城牆每逢降雨就崩落，處理也需要經費，打算先從這些地方採取磚塊（台灣總督府公文類纂一九〇三年《彰化城壁取毀認可》、《彰化城壁取毀及材料使用認可》）。城牆、城門等結構物，在現今必定被視為珍貴文化古蹟財產，當局竟然漠不關心，只因實利就加以拆除，另一方面又將原有都市的一部分轉用作全新都市基礎建設的結構，這點實在值得我們探討。

接下來，（二）是由於政府於一九三六年實台灣都市計畫令，都市計畫變更所依據的法律已經不同，於是在形式上有所改訂 圖25。（三）以下也是有計畫地往舊市區周邊擴大市區範圍，及有系統地設置公園等等，一方面展現出在市區改正階段所未見的新局面，另一方面重新將舊市區畫分成比過去更細的街區，看來是試圖更有效率地利用土地吧（圖26）。即使殖民統治終結，國民黨政權也幾乎原封不動承接這計畫，延續至今。不過，一九四〇年代試圖將初期市區計畫的街區進一步分割的計畫，則幾乎沒有實現。

如此一來，我們可以說，一九〇六年的計畫，決定了舊彰化縣城範圍迄今為止的基本骨架，並完成截斷的任務。「歷史城市」彰化，因一九〇六年的市區計畫而啟動了變化。

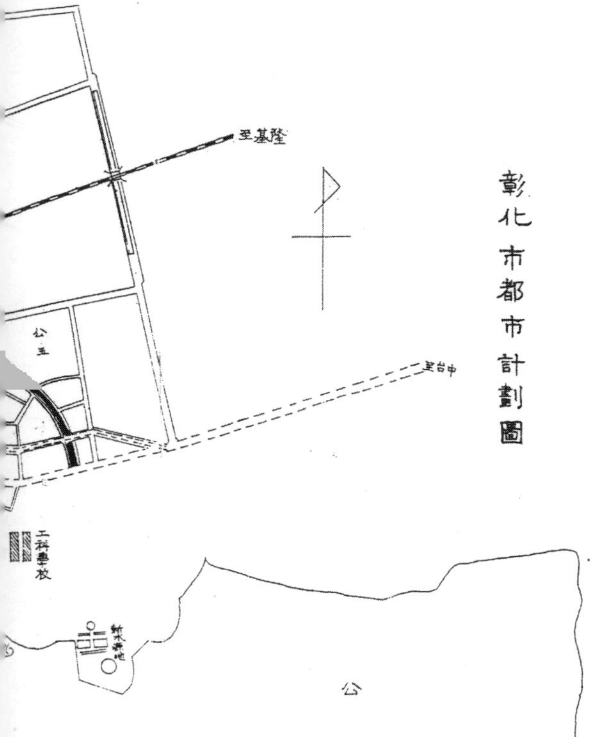
彰化市都市計劃圖
至基隆
至台中
公五
工科學校
新水源地
公一
舊水源地
小學校
凡例
幼
公一
縮尺一万二千分ノ一

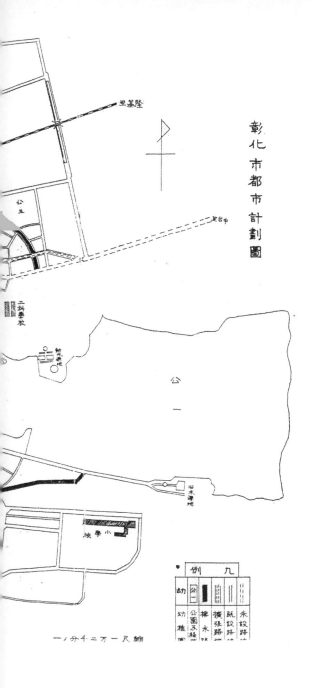

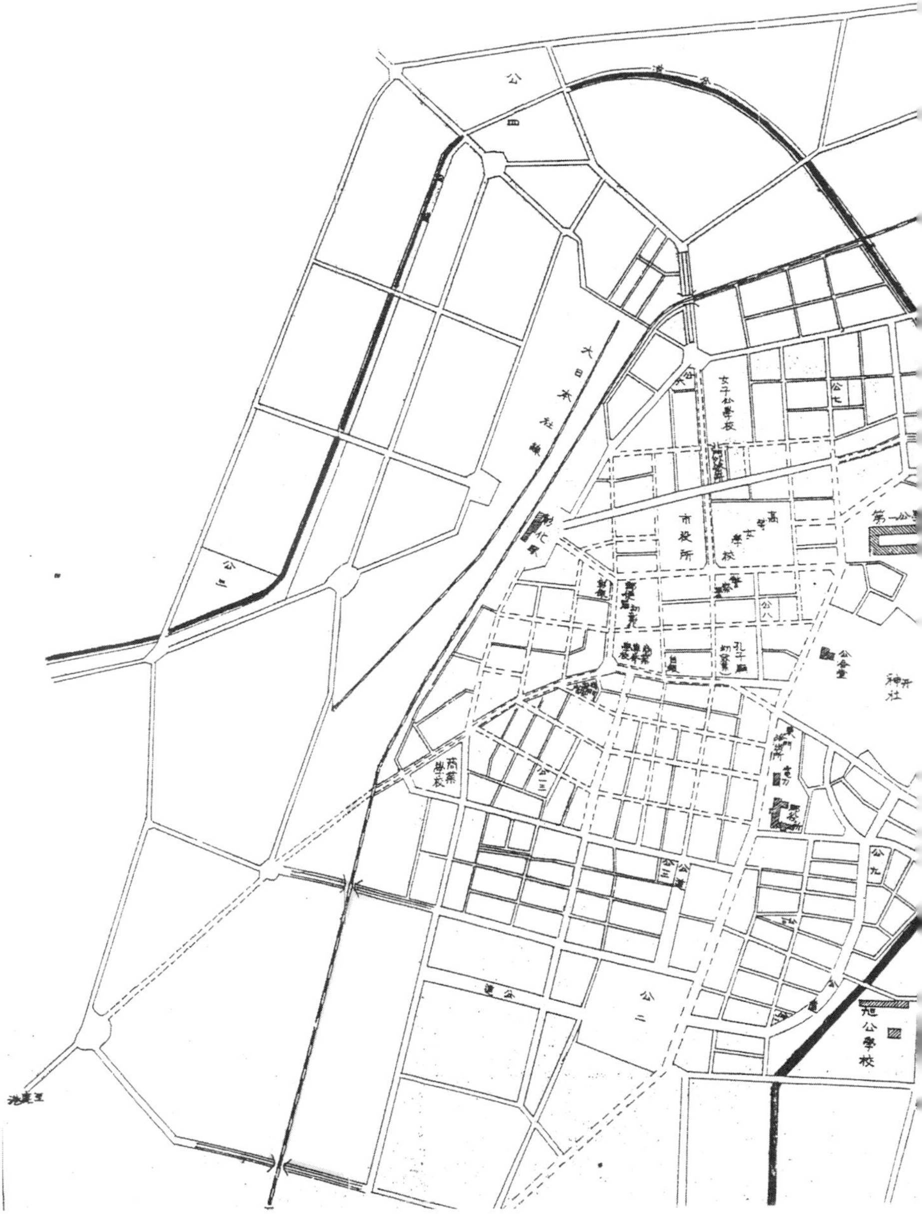

圖 26　**日治末期彰化都市計畫圖**　《彰化市商工人名錄》添付圖

第六章

彰化縣城的空間復原

各種都市地形圖

那麼，我們究竟能重現多少「啟動」前的彰化呢？是的，先來試試還原市區改正前夕的都市圖吧！

當然，清代也有都市圖（圖27），畫出城牆跟城門，裡面加上一些官署、主要寺廟等簡略標示。其實，從這樣的圖中也能讀取不少資訊。比如說，可以用中國地方分級制度的角度，來檢討行政城市中必要設施群的類型學[14]等。至於有沒有哪一張都市圖能拿來套在日治時期的市區計畫圖上，用地誌上連續性的角度，詳細審視街道及寺廟等的存續與變化？目前為止尚未見到。那麼，台灣到底從什麼時候才開始出現用近代化測量技術繪成的都市圖呢？筆者管見，必須等到日治初期一九〇〇年代前半地形圖、地籍圖（語彙集6）逐步齊備以後。

14 Typology，一種分組歸納方法的體系。

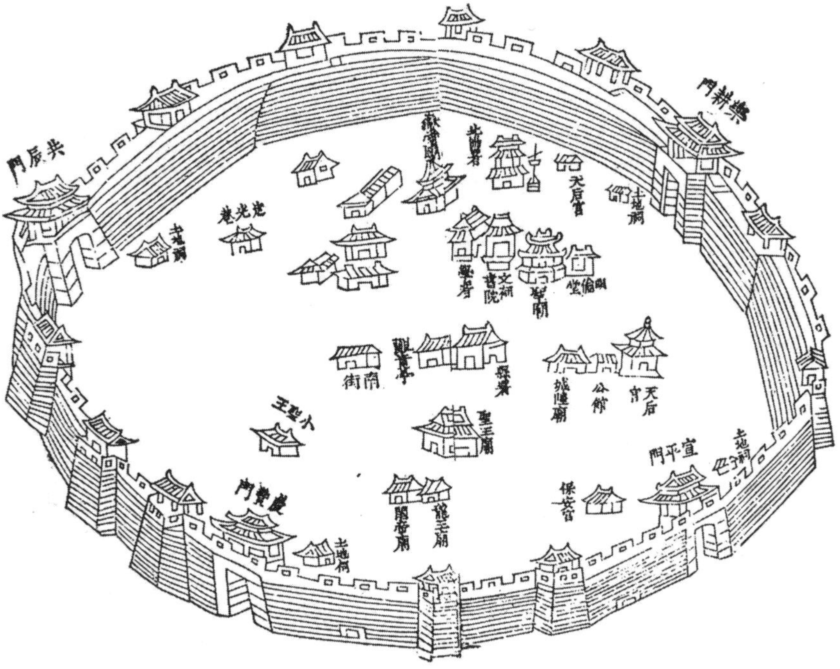

圖 27　**彰化縣城圖**　《彰化縣志》（清道光年間）

在都市地形圖之中，有張一九〇〇年法國技師繪製成的台南都市圖（圖28），相當詳盡地畫出市區改正前未經整理的道路、水路網。但其他城市在一般所知範圍內，並沒有恰當的圖。以彰化而言，在一九〇一年刊行的《台灣交通要覽》中，刊載了一八九九年製作的《彰化郵便電信局市內集配線路圖》，雖然可以從這張圖上讀取到日治初期設施配置及地名等，十分寶貴，但終究並非基於精確測量而來（圖29）。

因此，當我們嘗試從總督府文書中尋找過去用來檢討市區改正的地形圖，發現過去所使用的是六千分之一、三千分之一、兩千四百分之一、一千兩百分之一等涵蓋範圍較大縮尺的地形圖（圖30）。這些圖面不過是標示出地表高低的等高線及建築物（覆蓋在地表上的狀態）而已，建築物若接連不斷，則會將那一帶整片塗滿。若想了解市區化的密度與分布，這樣的圖面雖然相當理想，卻無法讓人判讀出土地區分，比如寺廟的所在，甚至連道路都常常很難看出。當然，若是針對個別的道路、下水道等建設事業，因有需要確認地權者（必要時會有徵收、補償等措施）的問題，因此使用的是地籍圖。

小北門
北門
東門
小西門
南門
考棚
府文廟
萬壽宮

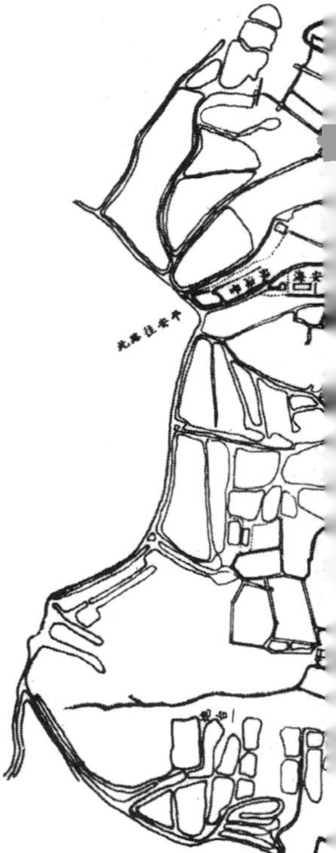

圖 28　台南地形圖　1900

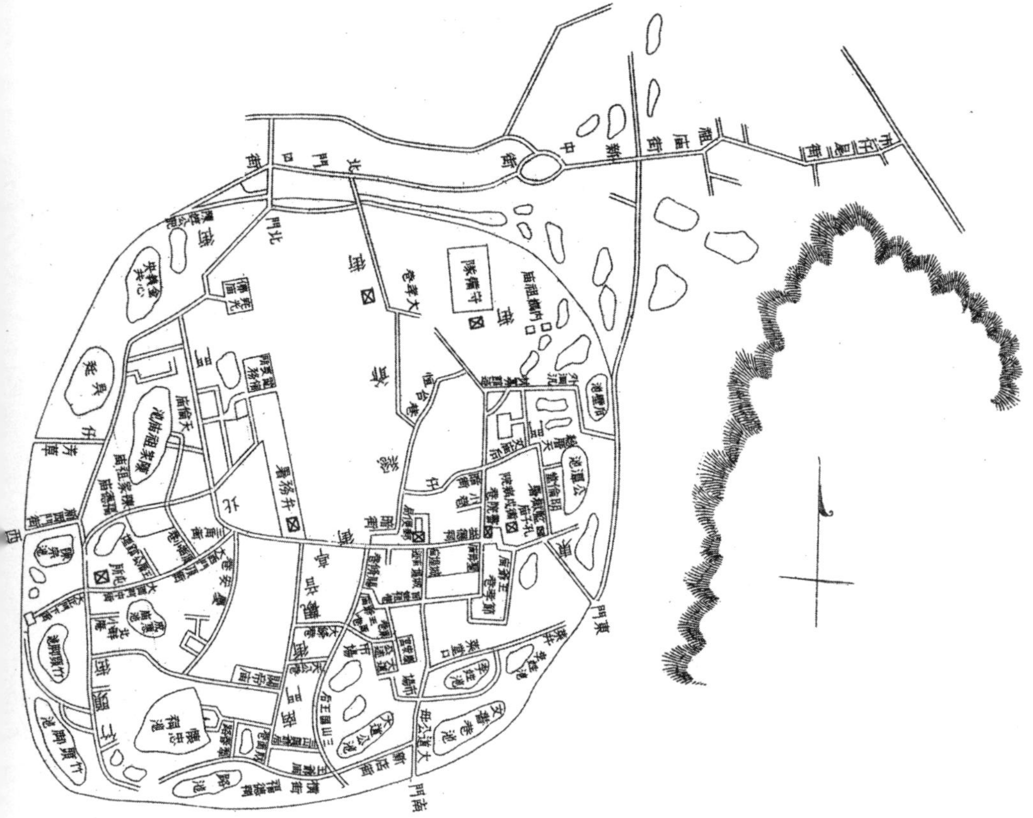

圖 29　**彰化郵便電信局市內集配線路圖**　於 1899 年 3 月 15 日繪製，《台灣交通要覽》(伊能嘉矩校閱，湯城義文編纂，博文堂，1901)

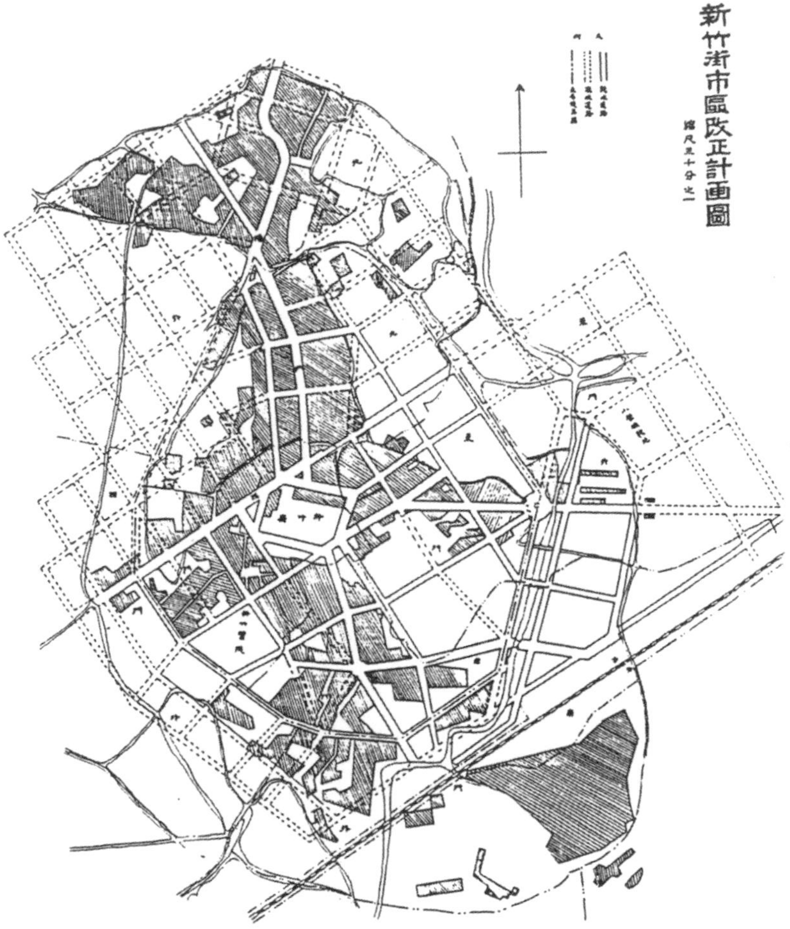

圖 30　新竹市區計畫圖　1906

累積在公圖（地籍圖）裡的資訊

地籍圖無疑是標示土地所有權區分的平面圖，爾後受到國家及自治行政體認可，應用於行政上，在日本稱為「公圖」[15]。公圖上畫出地界線（筆界線），將地目與地番（地號）一筆一筆標出，並可與土地台帳（地籍清冊）相對照。現今仍存在的日治時期公圖有「正圖」與「副圖」兩種，原始狀態都用黑線描繪，當地籍有異動，例如分割時，就直接在台帳上訂正，並以紅筆於正、副圖上加上必要的註記線。

一般來說，城市區（都會區）的土地分割密度較高，由於相鄰緊密，地籍異動也相對頻繁，測量上會比農地、山地等優先、精密，不但採用六百分之一的較為精密的縮尺，也更常更新。就筆者訪問台灣內政部土地測量局及各地方地政事務所的經驗，為了趕上一九〇四年第一次土地測量事業而繪製的山林區簡圖，至今仍持續使用，反觀城市區則經過以下歷程：（一）一九〇〇年前後，最早期的圖面作成之後，（二）於一九三〇～四〇年左右曾一度更新，接著（三）由中華民國政府在一九六〇～八〇年代左右再度更新。

以彰化來說，到目前為止製作及使用的公圖有以下三種：

15 《公圖》，佐藤甚次郎，一九九六

公圖一　日治時期的最早公圖，據推測於一九〇四年左右製成。現已不存。
公圖二　一九三九年更新。內政部土地測量局圖庫（桃園市）保存。
公圖三　一九八一年更新（現今依然有效）。內政部土地測量局地籍管理課（台中市）保存、可向彰化市地政事務所申請取得。

公圖一是依日治時期最早的土地調查事業製成。若還留存，就是最能直接解析彰化市區改正前樣貌的資料，可省去許多工夫，可惜現在似乎已經湮沒。在筆者追蹤所得的範圍內，公圖二成為現存最早的公圖。彰化目前保存有一九三九年更新的「正圖」及一九四〇年更新的「副圖」兩種。政權交替後，這兩套圖面仍被持續使用，直到一九八一年（民國七十年）才被重新製作的現行公圖三取代。只要申請及付費，任何人都能取得圖三的複製品，公圖二則一般不對外公開。

公圖二就筆者親眼所見，雖然已有破損且嚴重褪色，卻不同於已經數位化的現行公圖，道路塗以薄薄的黃褐色，池塘及河川、側溝等則塗以淡藍色。再仔細看可得知，因日治時期地號跟地址的番地（門牌號碼）相同，有了地址即可辨認出土地。此外，公圖最重要的部分是，當土地發生分筆或地目變更等異動時，原始的地界線及地號會將黑色所標示的原樣留下，中途增加的紅筆線、編號等註記會留在原有的圖文上。也就是說，原則上，地籍圖上的訂正只會增加而不會刪除資訊，故可由此得知變動的過程。反之，只要消去所有紅線，隨時都能恢復成原始狀態。

只不過，當圖面本身被更新時，便會用黑線重新描繪該更新時點的所有地界線，亦即先前累積的紅線都會失去顏色（雖然線本身仍會留下），從頭來過。也就是說：原本存在於公圖一上的線，不論黑色或紅色，都將全數轉換成黑色，一視同仁地保存下來，公圖二呈現的便是這個狀態。在此時，我們的課題是從公圖二失去了顏色（即時間）被保存下來的無數地界線中，推測出基本的時間序列，回溯公圖一製成時最初的模樣。

就街道而言，這項工作並不算困難。簡單地說，因為新街道是按市區計畫而建設的道路，只要將之刪除，留下剩餘的街道網就可以了。

其實，我們還有一個重要的線索，那就是寺廟台帳。寺廟台帳是一八九九年七月總督府訓令地方廳義務調查製作的官方寺廟登錄清冊[16]。附在各寺廟台帳

16 一八九九年七月十一日總督府訓令三二〇號〈社寺、教務所、説教所及本島ノ旧慣ニ依ル寺廟、斎堂等又ハ神明会、祖公会等ノ建立、設立又ハ廃合等ニ関スル事項取扱方〉（依社寺、教務所、説教所及本島舊習，建立、設立及廢除合併寺廟、齋堂及神明會、祖公會等相關事項處理方式）；《現行台灣社寺法令類纂》台灣總督府編，帝国地方行政學會，一九三六。

中的「敷地見取圖」（占地配置圖）是從公圖描繪而來，其地籍情況明顯屬於一九〇四年施行的主要道路建設事業之後，並在市區改正事業（一九〇六年以降）之前。而且，這些見取圖所描繪的，不只是各寺廟的占地，還包含周邊道路。因為在台灣的城市裡，小小的市街往往就散布了數十座寺廟，正好可成為解析的利器。更重要的是，寺廟台帳除載明寺廟建物等「寺廟敷地」（占地）外，還記錄了田地、養殖池、建地等作為寺廟財源的廟產。因此，只要有地號，我們便能辨認出寺廟所在地，包括現今已不存在的寺廟在內，並釐清寺廟占地、所屬地以及周邊道路等情況。

復原的作業

以上敍述稍嫌冗長，但筆者進行的工作正是如此繁複。也就是說，以公圖二為底，先刪除市區計畫所開闢的街道，再把數十座寺廟的配置圖擺放在相應位置上，以此為線索，將市區改正前的道路網抽出並拼湊而成（圖35、36）。透過這樣的處理，便能相當準確地重現彰化在市區改正前的樣貌。

不過若要細說，其實還是有許多困難之處。例如：前述在市區改正之前拓寬、新設的道路，有些道路用地內以往的地界線沒有記載在公圖二上。其中，如果能判別出是新闢的道路，就只要將該條道路消去即可，但由原有道路拓寬而來的路，就無法正確重現往日彎曲狹窄的形狀了。像這樣的道路，若有其他資料可補足，就依據該份資料繪製，否則就只能以虛線來表現大略路線了。

接下來要找出彰化縣城城牆的位置。筆者原本打算用地籍圖來判讀舊城牆的正確位置，這件事卻出乎意料地棘手。只好配合《攻台圖錄》的插圖（圖31），及《台灣堡圖》（圖32）等殖民地最早期的粗略地形圖，同時也參照較為詳細的一九一〇年前後地形圖（圖33）來推定。

此外，同樣可由圖33、34解讀出，即使在舊彰化縣城範圍內，邊緣地區仍有許多池塘。其他地形圖裡也繪有面積較大的池塘，由老照片也能確認這一點。公圖二裡，地目記載為「養」的養殖池雖然不多，但也並非付之闕如，《寺廟台帳》（一九〇五年左右）記載的寺廟所屬財產中，在「土地」此一項目裡，也有不少登記為養殖池。以常識而言怎麼樣都算低度利用、未利用的養殖池、農地等，在城牆之內占有相當面積，由此可以想像城市的生活及經濟狀況，但另一方面，正如前述，這些池塘也可說是瘧疾的溫床。到了一九三〇年代，地形圖顯示這樣的池塘依然還殘留了好幾個，但化為住宅地的也不少，到了現今則一個都不剩了。

筆者打算像這樣利用多份資料進行比對，再依據所得的結果，提出清代末期彰化縣城的復原案（圖37、39）。如後所述，彰化縣城於一八〇九（嘉慶十四）年建設磚城（磚造城牆），那時城牆才開始具備正式規模。約一世紀後進入二十世紀時，殖民政府決定施行市區改正計畫，彰化的面貌開始大幅改變。接著又在約半世紀後，政權再度由日治時期轉換為國民黨時代，現今的彰化市街便展現在我們眼前。筆者作成的復原圖，正好介於這兩個世紀中間。

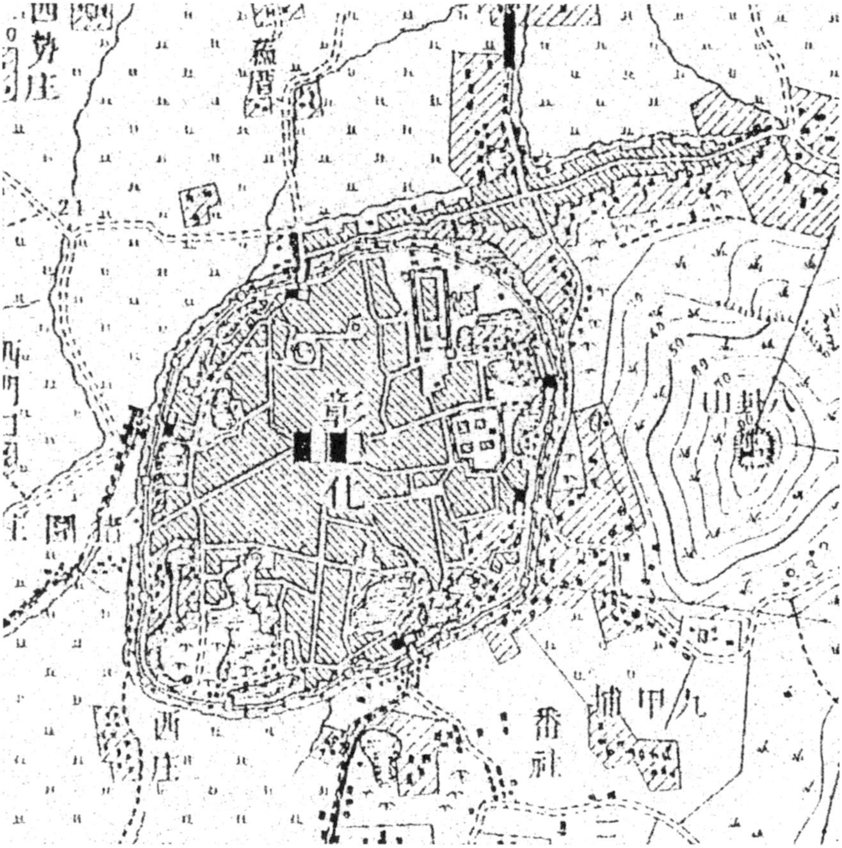

圖 31　《攻台圖錄》的插圖

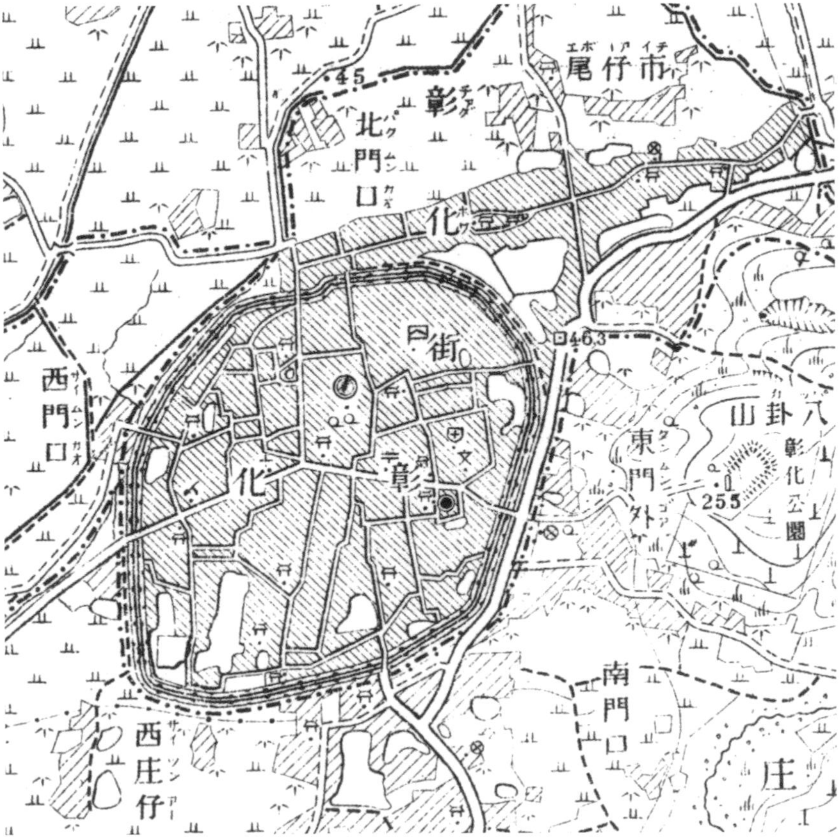

圖 32　**1904 年左右的彰化**　1904 年左右的彰化《台灣堡圖》 與圖 31《攻台圖錄》的插圖相較，可看出由中心部分往北、西、東延伸的道路及沿城牆東邊外側的軍用道路（今中山路）的建設已經開始進行。

圖 33　1910 年的彰化　筆者以《彰化水道誌》所載之圖為底作成

圖 34　1940 年前後的彰化　筆者以台灣文獻館藏圖為底作成

圖 35　2003 年地籍圖消去日治時期後建設之道路的樣貌　筆者作成

圖 36　為圖 35 標上《寺廟台帳》所登記之寺廟基地、附屬地　筆者作成

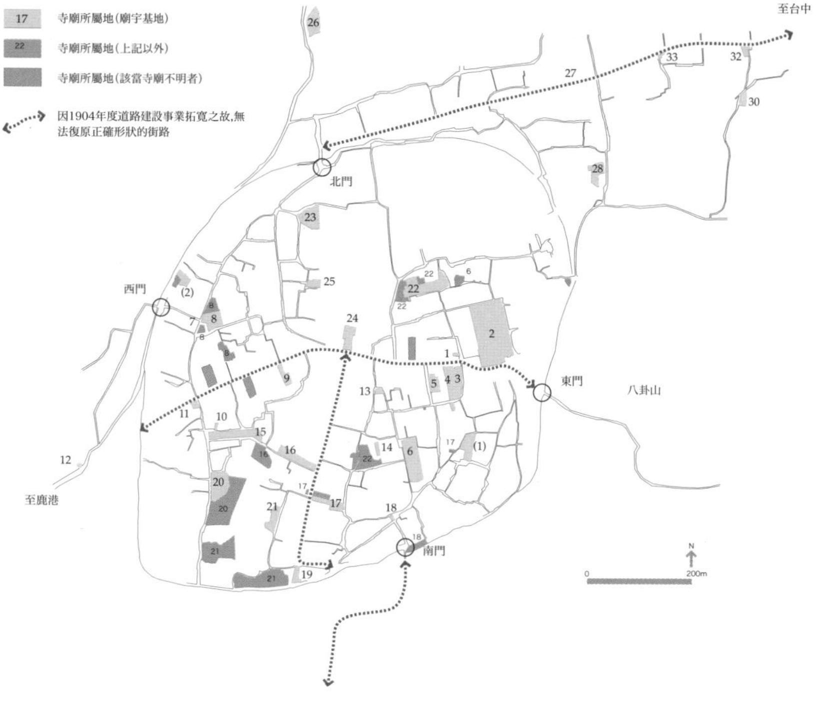

圖 37 清末彰化縣城復原圖 A(街路與寺廟) 筆者作成

圖 38　清末彰化縣城復原圖 B（街路與水文）　筆者作成

圖 39　彰化縣城（十九世紀末）與市區改正（二十世紀初）間的關係　筆者作成

第七章
地方志描繪的彰化

在這裡，讓我們來看看清代地方志的描述吧（圖40 17）。

台灣的傳統城市，基本上是移民城市。早在對岸的福建省、廣東省的移民之前，巴布薩族[18]原住民部落就分布在彰化地區，尤其集中在西部逆斷層上的西部平原與八卦山台地交界的平坦區域，這個地方日後被建設成彰化縣城，名為「半線社」。這個區域不但地下水源豐富，也是交通要衝。漢人移居及開拓時，首先在陸路方面，由東南方的斗六沿八卦山西麓北上；另一方面，海路則從鹿港登陸，逐漸東移。在兩條路線的交會點半線社，可利用船隻渡過大肚溪，繼續往海線、山線方向開拓。明末永曆年間，鄭成功麾下武將劉國軒曾駐紮在此，以軍隊屯田方式嘗試開拓。爾後於一六九四（康熙卅三）年，此處由於設置守備隊，治安得到保障，成為往後發展的契機。康熙中葉以降，泉州人的大墾戶以

17 《台灣地名辭書 卷十一 彰化縣》，二〇〇四；《彰化縣市街的歷史變遷》，賴志彰，彰化縣立文化中心，一九九八。

18 為台灣平埔族原住民，即荷蘭人所稱虎尾壟（Favorlang），主要分布在大肚溪以南至濁水溪之間海岸區域。

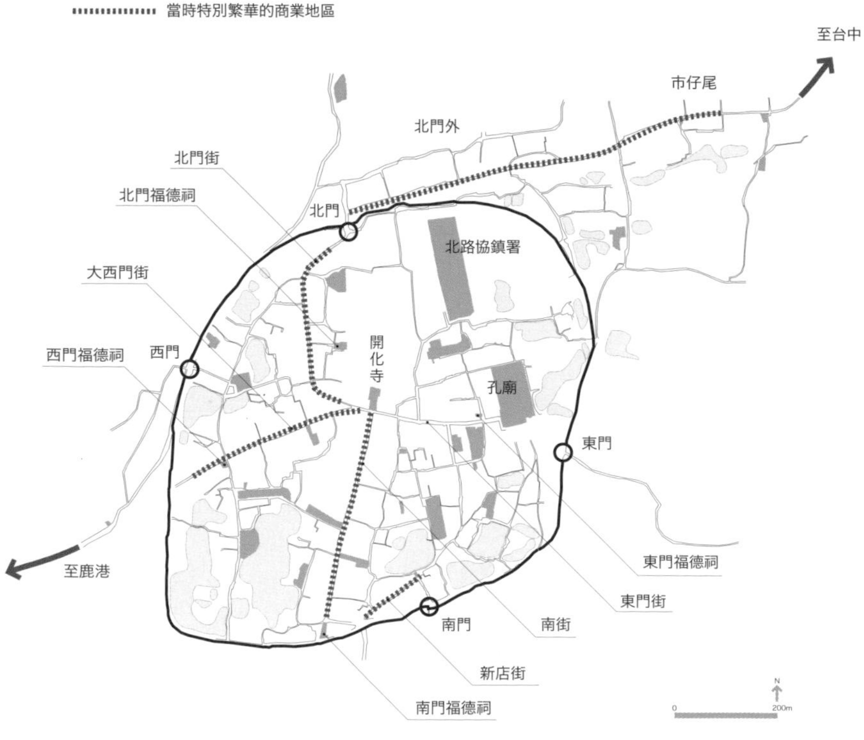

圖 40　清末彰化縣城復原圖　筆者作成

今彰化市一帶為中心，向福建、廣東招募佃農，一邊開設灌溉渠道，一邊往周邊拓墾。

一七二三（雍正元）年，清朝於虎尾溪與大甲溪之間畫地設置縣治，並以「彰顯皇化」之意命名為彰化。當時官方並未刻意修正自然形成的原有街道網，而是直接設置縣署、孔廟、縣儒學宮等機構，以強化統治力量及教化政策，手握特權的諸位大墾首[19]也將居所安排在市內。但即使這裡成為統治該地的據點，要保障彰化的治安也並不容易，因為，這裡既然是交通要衝，就也會是農產品集散中心，就地緣政治學[20]來看當然也是戰略要地，只要紛爭一起，就會有「匪徒」前來占領，彰化市街也因此數度焚燬。雖然官方在一六三四（雍正十二）年修築了竹城（種植刺竹於外），依舊在一七九四（乾隆五十九）年的林爽文之亂中遭到破壞。

竹城重建後，縣令楊桂森向各方募款，總算於一八〇九（嘉慶十四）年在原刺竹的位置上興築磚城（圖41）。如此一來，原本不怎麼工整的橢圓形竹城，也因為磚牆而定形了。城中直徑最寬部分也不過七百多公尺。根據地方志，這個時期的城門開向四個方向，而彰化最古老的寺廟「觀音亭」（開化寺，一七二四年創建），

19 出於清統治台灣特有的「三階層土地所有關係」制度——依特權取得清政府墾照的「墾首」（大租戶，將得來的廣大土地畫分為幾個大區，分別出租給「墾戶」（小租戶），墾戶再將承租來的土地細分，轉租給更多農民「現耕佃人」。

20 Geopolitics；研究政治現象與地理條件之關係的科學。

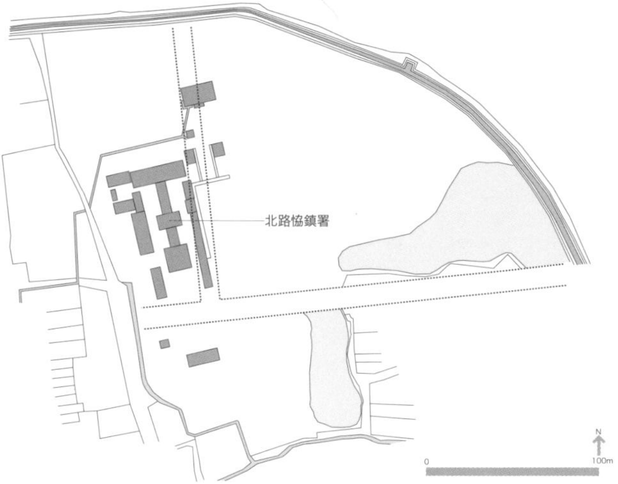

圖 41　**彰化縣城東門與城牆**

圖 42　**彰化縣城內東北區之官署群（北路協鎮署等）**　爾後成為市役所及高等女學校基地。即圖 50 中所標範圍。筆者以國史館台灣文獻館藏，明治 44 年公文類纂（冊號 5394）〈彰化公學校校地選定認可〉之附圖為底作成。

則已經座落在南街及東門街交會處，這兩條路分別由南門、東門通往城內中心。另外，北門外也有道路通往台中，城內則沿著這條北門路發展出繁榮市街。城內以北門街、大西門街、東門街三條街道為界線，大致分成東北、西北、南半三區。東北區（面積占城內卅二%）是行政中樞所在，縣署、典史署、北路協鎮署（圖42）、都司署、台灣府衙等機關以及武官舍、官紳的宅第都集中於此。南半區（五三%）是以商業為中心的人口密度區，商家依各自出身分布：泉州人住在東半部，漳州人住在西半部，人數較少的福州人、客家人分布於市街周邊。西北區是住商混合區，居民構成比較複雜，偶爾也能看到汀州人。

城內外發展出的主要商業聚落為：大西門街（今中華路中段）、南街（今民族路至華山路）、新店街（今華山路九二巷、成功路二十巷）、北門街（今和平路一巷與陳稜路一九四巷），另外是城外由北門外向東，依序串起北門口街、竹圍街、中街、市仔尾街的街道。由一九三九至一九四〇年更新的公圖（地籍圖）看來，這些地區應該在早期就已經發展成高密度住宅區。也就是說，我們可以想見當時的景觀是：住宅地分割成深窄的狹長形，都市型建築——街屋（店鋪兼住宅）都面向街道，櫛比鱗次地建在這些住宅地上。總而言之，這顯示出大約到十九世紀為止，高密度住宅地圖33都緊貼著主要街道圖40，而且分布位置和地方志所記述的繁華商業區相當一致。

寺廟也有各式各樣的種類。前面章節提到的元清觀正是其中一種，同鄉的移民集團就是在這些廟宇中祭祀故鄉的神明。這樣的寺廟不但是移民集團結合的核心圖43，也成為原住民與其他集團互鬥時的據點。孔廟、節孝祠是官立廟宇，肩負教化地方的功能。城隍廟掌管現世與冥界的裁決，現世所犯罪孽將會被帶到陰間的這個觀念也是維持社會倫理的關鍵。四方城門內側附近供奉土地公（福德正神），不但在象徵上隔開城市的內／外，也守護城市與城市居民圖44。城中出現了無名屍後，人們將對屍體、枯骨的恐懼轉化為信仰，於是增建了有應公廟，把這些骨骸集中在廟中供奉。一般說來，土地公廟、有應公廟等廟宇建築都很小，占地也不廣，其中不乏展開雙手就能環抱的小型可愛廟宇圖45。多樣化社會的結合，其實有賴寺廟。

圖 43　**威惠宮與慶豐宮**　威惠宮（聖王廟）是漳州人的據點。左邊的慶豐宮（竹城媽）是因日治初期城牆拆除，將原來奉祀於城牆上的媽祖移祀於此。筆者攝，2004

圖 44　**西門福德祠**　東西南北城門附近（城內）的福德祠中原本奉祀有土地公，其中南門福德祠因市區改正而遷移，東門福德祠也因市區改正而遭拆除，今已不存。筆者攝，2004

圖 45　南門附近之某有應公廟　筆者攝，2004

第八章
重返市區改正前夕

由上空俯瞰

讓我們先擱下以上論述，重新以旅人的心情來瀏覽市區改正前夕的彰化吧。雖然金子常光已經畫過一九三〇年代的彰化，但也請讓筆者嘗試變身為繪圖師，帶領讀者來趟一九〇〇年左右的彰化之旅吧！這三十年對彰化來說非常重要，尚未被「改造」的彰化就在那裡。當然，筆者從來沒有從任何人手上接到常光那一類繪製訂單，自然也不需要看日本帝國、鐵道局或觀光局等單位的臉色。請允許筆者以復原研究的成果、在台灣各地調查所得的經驗為基礎，稍稍馳騁想像，帶領大家輕鬆來一趟旅行吧！

首先，讓我們由空中向下俯瞰。身為繪圖師的筆者，目光就像飛鳥般鼓翅向上，沿著八卦山稜線由南向北輕快滑翔而過。台灣海峽的海風由西邊吹拂而來，放眼望去盡是穀倉地帶，偶爾會有村落浮現出來，可以看到三合院並肩而立。前方是大甲溪的溪流。綿延的八卦山脈在溪流前方形成圓形山丘，結束走勢。這時我們眼前出現了一座小小城市，宛如依傍著山丘般，被形狀不怎麼工整的橢圓形城牆包圍著。

城內倒不是密密麻麻不留任何空白的住宅地，各移民集團的密集聚落沿著主要街道形成，像大小島嶼般各據一方。主要街道上的店鋪住宅櫛比鱗次，人們熙來攘往。街屋的屋頂鋪著瓦片。從上空雖然看得不是很清楚，但大多數似乎是木造的圖46。磚造三合院並立在店鋪住宅後方，相當氣派的宅第也不時出現，不過，竹造鋪茅草屋頂的畜圈或倉庫等附屬房舍也不少。城牆周邊不論牆內牆外，大大小小的圓形水面被太陽照出粼粼水光，多半都是養殖池吧！

市街地中，不時可見屋簷向上翹起的屋頂，那些是寺廟。這些寺廟不是位在丁字路底，就是位在道路分岔點，幾乎沒有例外。由此可以想像形成的過程：建了廟就會有路，開路便立廟。據說由風水觀點看，像這樣的路衝容易招來煞

圖 46　**台南市街**　鋪著瓦片的店鋪住宅櫛比鱗次。市區改正前後市街之一例。可由照片上方筆直寬闊的市區改正道路與下方彎曲而狹窄的舊有道路看出新舊兩種系統的差異。《日本地理大系》

氣，不適合當作一般住宅或官署用地，故設置能對抗煞氣的寺廟，正好能填補這些風水不佳之地。只是話雖如此，寺廟可真不少呢！而且各寺廟占地也比現今大得多，尤其是廟埕，真是寬闊無比！另外，有些寺廟在本身所在的占地外，還擁有其他土地，這些都是寺廟的財源。田地、養殖池以及建築物占地，都能拿來收地租，在彰化自然也不例外。

行人的視線

從上空盤旋而下，旅人的眼光這回要穿過南門，以行人視線的高度進入這座城市。南門恰是彰化城正門，稱作宣平門，門內門外都像市場般熱鬧非凡。一進城門，往右手邊延伸的是繁華熱鬧的新店街，路底可見慶安宮的屋頂。但讓我們向左轉，沿南門街往北走去。首先點燃炷香，獻給以城牆為背的南門福德祠（圖51），向這座城市打聲招呼吧！彰化的東西南北四城門都供奉有土地公，這座福德祠便是其中之一。南門街兩側，店鋪住宅櫛比鱗次，仍以木造居多，每間街屋面朝道路的屋簷下都留有空間，擺得滿滿的商品都溢到路上了。不過屋

圖 47　**關帝廟**　筆者攝
圖 48　**由入口的階梯可清楚地看出廟埕與現今路面的落差**　施昀佑攝，2013

簷下尚未形成相連的步廊，所謂的「亭仔腳」畢竟是日治時期施政的產物。道路也還沒有任何鋪面。再往前一些，左手邊有關帝廟圖47。現今廟地比道路低上數十公分，但百年前並非如此。道路原本與廟埕等高，位在同一平面上，是在一次又一次的反覆鋪設後，才上升到目前的高度圖48。

出現在南門街北側盡頭的，是祭祀觀音佛祖的開化寺。開化寺的歷史與彰化一樣古老，也是城市的中心。在開化寺門前的丁字路口右轉，則進入東門街，眾多廟宇如孔廟、東門土地公、節孝祠、祀典宮（媽祖）、城隍廟等，皆集中於此圖54，裝飾富麗堂皇的燕尾屋脊向天翹起，爭妍鬥豔。孔廟前方有一座巨大的半月形池子（泮池）跟照壁，對面可見樂耕門（東門）的城樓，城牆與孔廟間有一面相當大的養殖池，想來這是為了填整孔廟龐大的地基，挖出大量土方而形成的低窪池塘吧！水面上浮著細長竹筏，兩個近乎裸體的瘦削男子正在捕魚圖49。城市裡不只有工商業，像漁業這樣的生產活動及其生活風景，也都藏身其中。

孔廟北邊有元清觀圖15，廟埕上有戲台。再往前去是縣署及北路協鎮署等集中的官署區圖42，殖民政府的統治至此已有五年，我們也許以為這一帶都成了廢墟，事實卻不然。殖民政府可能把部分建築轉用作官署跟學校等。接著來到

圖 49　孔廟東側魚池

拱辰門（北門）前面的定光廟，這也是非常古老的廟宇。北門街在這裡向西畫出弧線，往南而下，這一帶的宅第群相當氣派，問了問站在路邊的老阿伯，據說這一帶都是某姓氏的土地。可不是嗎？這一族的宗祠裡有非常考究的風水池，一旁的另一座池塘，還是興建城牆與城門時採土留下的遺跡呢！隨著阿伯手指的方向看過去，慶豐門（西門）映入眼簾。

再往南下來到大西門街，西門福德祠 圖44 位於路口的交叉點上，繼續往前可來到威惠宮（聖王廟）圖43 的廟埕。緊鄰廟宇的巷道寬雖不及二公尺，卻看似可以一直通到後面。幾乎像緊貼著廟牆般往東走去一看，令人意外的是，巷道居然連到關帝廟，看來這兩座廟是背靠背而立呢！這下子再度回到南門街了，但朝前方所見的巷道繼續往東走去，轉過幾道彎之後，這回竟然來到慶安宮側面。這樣的巷道網絡根本就像迷宮，一不小心就會讓人失去方向感。

在慶安宮前方（南側）展開的廟埕真的很大 圖58，集市也因之而起，農民由周邊農村擔來蔬菜、水果，扯著喉嚨朝城市居民叫賣。幾位老者聚集在大樹下專心下棋，拈香乞求神明保佑的善男信女出入廟中，絡繹不絕。

繼續往前走，到了新店街，即先前一進南門就看到的那條鬧街。讓我們穿過這條街，再度走出南門。到現在為止，我們一直全神貫注地走著，回過神來，才發現腳邊水溝隱隱泛出臭味，水溝與蜿蜒的街路不規則地共舞，時而交錯，時而與養殖池相接，如網目般在城市內流淌。當水溝橫切過道路時，人們只在上面放塊木板，架起一道根本算不上是橋的橋。挑著扁擔的商販就踏著這些水溝板來來往往，不時濺出汙水飛沫……

以上的景觀，大多數即將被市區改正切碎，留下來的，都被封存到新建成街區的內側，也就是「裡」（後面）了。所以，現今若想探訪較小的寺廟等地方，必須走到「後巷」去找。城市忽然出現了新的「表」，「裡」也隨之產生。殘存於彰化的無數小巷道，日語稱之為「路地」[21]，這些小巷道原本是迷宮般有機城市的正式街道。不過，這樣的變化並非突如其來，筆者再次重申，一九〇六年公告的市區計畫內容，其實要到一九四五年才好不容易完成將近六成。即使繪圖師金子常光真的在一九三〇年代造訪彰化，他所描繪的城市景觀，在當時的彰化還遠遠稱不上隨處可見。

21 建築物之間的狹小巷道。

第九章
從寺廟觀察城市組織的截斷

寺廟的物質環境變貌

那麼，城市到底是怎麼被切碎的呢？我們已經能將當時情況再現得相當具體，在此就先讓我們著眼於寺廟。本書一開始最先映入讀者眼簾的，也是元清觀被薄薄削去的牆面。正如前文所提，關於寺廟的土地及主要建築物，因為《寺廟台帳》裡都附有見取圖（平面配置圖），而該圖據推測是以製於一九〇四年的地籍圖為底製成，因此，我們就能據此明確掌握市區改正前的狀態。只要將市區改正計畫套上去，再配合各寺廟的沿革及現地訪談資料，就能看出有相當數量的寺廟因市區改正而經歷了物理層面的環境變化。

依據《寺廟台帳》來看，在承繼彰化縣城區域的舊彰化市街範圍內，有卅六座寺廟登記在案。以下將這些資料作成一覽表（表一）。並將寺廟在物理上的環境變化整理如下。

（一）至二十世紀初為止，已不復存在於該地的案例

a. **消滅**

例：東門福德祠 圖54

b. **遷移**

例：南門福德祠……遷移至鄰地 圖51

節孝祠、祀典宮……遷移至別處 圖54

（二）至二十世紀初為止，仍存於同地點的案例

c. **廟宇（部分）損失**

例：元清觀……建築物側牆被削去一部分，現存。圖15

例：孔廟……禮門、照壁、泮池等必要設施有損缺。圖54

d. 廟宇以外的空間（部分）已損失

例：慶安宮……廟埕被削去一大部分，變為住宅地。圖58、59

像這樣的變化若要全數列出，那麼在台帳記載的卅六座寺廟中，最少有廿三座或多或少都受到物理性影響（另外有些是可能受影響），其中十一座已不復存在於原址。這十一座中，有六座因遷移等因素，在別處繼續留存，有五座已經消失。

表1　彰化舊市街的寺廟一

資料：《寺廟台帳》（旧彰化街部分）。1～33為寺廟、(1)～(3)雖然是齋堂，但同樣收入《寺廟台帳》裡。

右邊「寺廟敷地的變化」是相對於十九世紀末狀態的異動，由筆者推定而來。

○＝現存於同一地，■＝遷移後現存，★＝現今已不復存

此外，因31聚奎社、(3)中和堂的所在地無法確定之故，不在復原平面圖上標示。

台帳	名稱	祭神	信徒數	所在地		備考	寺廟基地的變化	現在
1	福德祠	福德爺	約三百	彰化	字東門		市區改正↓拆除	★
2	聖廟（孔廟）	孔子	約一千	彰化	字東門		市區改正↓損失基地前面的一部分同時損失泮池、照壁、禮門等	○
3	節孝祠	節婦・節子	約四十	彰化	字東門		市區改正↓遷移	■
4	祀典宮	天上聖母	約六百	彰化	字東門		市區改正↓遷移	■
5	城隍廟	城隍爺	約六百	彰化	字東門			○

6	慶安宮	保生大帝	約一百	彰化	字東門		市區改正↓損失基地前半部（廣場）	○
7	西安宮	蘇高薛三王爺	約三十	彰化	字西門		市區改正↓損失部分基地	○
8	玉鈴祖廟	威惠聖王	約四十	彰化	字西門		市區改正↓損失部分基地 殖民地解放後廢止	★
9	白龍庵	邱鄔三大神	約四十	彰化	字西門		一九〇四年道路建設的影響（？）寺廟整理	★
10	慶豐宮	天上聖母	約二五〇	彰化	字西門		拆除城門↓遷移至左記地所（現在地）	■
11	福德祠	福德爺	約四百	彰化	字西門		一九〇四年道路建設的影響（？）	○
12	土地公廟	土地公		彰化	字西門	廢止：「一五•四•四第三三五一」、缺台帳。	寺廟整理（因道路建設之故）	★
13	賜福祠	朱王爺		彰化	字南門	因台帳的第一頁脱落之故信徒數不明。		○
14	廣澤尊王廟	廣澤尊王		彰化	字南門	廢止（無處分日期記載）、缺台帳	寺廟整理	★

15	聖王廟	開璋聖王	約二百	彰化	字南門			○
16	關帝廟	關帝	約六八〇	彰化	字南門		一九〇四年道路建設的影響（？）	○
17	鎮安宮	三山國王	約五十	彰化	字南門		市區改正↓損失部分基地	○
18	順正府	大王公	約一百	彰化	字南門		市區改正↓拆除寺廟整理	★
19	福德祠	福德爺	約二百	彰化	字南門		市區改正↓遷移	■
20	懷忠祠	李任淑外十七義民	無	彰化	字南門		市區改正↓損失部分基地	○
21	梨春園	西秦老王爺	約七十	彰化	字南門			○
22	元清觀	玉皇大帝	約五百	彰化	字北門		市區改正↓損失部分基地廟宇部分被切除	○
23	定光廟	定光古佛	千餘	彰化	字北門		一九〇四年道路建設↓損失部分基地	○
24	開化寺	觀音佛祖	約六百	彰化	字北門		一九〇四年道路建設的影響（？）	○
25	福德祠	福德爺	約二千	彰化	字北門		一九〇四年道路建設的影響（？）	○

26	星君廟	三寶佛	約二百	彰化	字北門外		過程不明	★
27	福德祠	土地公	約一百	彰化	字北門外		市區改正↓拆除	★
28	南壇	三寶佛	—	彰化	字北門外	（現今南山寺）		○
29	南壇土地公廟	土地公	約六十	彰化	字北門外			○
30	古龍山	玄天上帝	約一百	彰化	字市仔尾		市區改正↓損失部分基地	○
31	聚奎社	文昌帝君	—	彰化	字市仔尾	廢止。「昭和十三年十二月十九日廢止」。缺台帳。	為興建屠宰場建設而拆除建物寺廟整理	★
32	福德祠	土地公	約二六〇	彰化	字市仔尾		市區改正↓拆除	★
33	福德祠	福德爺	二五一	彰化	字市仔尾		市區改正↓拆除	★
(1)	曇花堂	觀世音菩薩	二六五	彰化	字東門			○
(2)	興隆堂	觀音媽	廿三	彰化	字西門			○
(3)	中和堂	釋迦	—	彰化	字北門外	加註了與廢止寺廟相同的記號。有台帳。無信徒數記載。	過程不明	★

變貌的原因

接下來，要探討這些變化是怎麼產生的，茲列出四個推定的原因，個別舉例並具體陳述於下：

（a）市區改正前的道路建設事業

就彰化來看，一九〇六年公告市區計畫後，市區計畫範圍內的街道建設全數被當成市區改正道路來施工。在那之前的一九〇四年，當局已經建設了由城市中心往四方延伸的幹線道路，以及北門外東西向的街道（拓寬）工程等。我們必須注意，其中由中心向東、西、南延伸的幹線道路，是拓寬原本就有的東門街、大西門街、南門街而成，唯有朝北門方向的道路（今和平路），是在原本沒有路的地方開出一條新路。北門街[22]在現今和平路的更西側。

想以微觀角度正確捕捉這些因道路事業而出現的空間變貌，其實不大容易。最主要的理由是因為現存地籍圖在一九三九年經過更訂，且《寺廟台帳》所附的見取圖，又是在一九〇四年道路建設事業之後才製成。

除現今的和平路外，基本上，一九〇四年的道路建設事業都是拓寬原有道

---

22 北門街是條舊路，老彰化市人稱之為「小西巷」，今和平路一巷與陳稜路一九四巷，以三角公園為起點，後段併入長安街結束。北門街容易使人誤以為是巷子，但其實在清朝時是通往北門的「大路」。可參照圖29。

路。正因如此，鄰接這些道路的寺廟占地或多或少都被削掉一部分，目前能明確掌握情況的只有定光廟，對其他案例的精密解析只能暫且保留不談。不過有一案例倒是相當引人注目：南門福德祠在過去是位於從城市中心開化寺往南延伸的道路（南街）盡頭，在這個階段不但沒被拆除，道路建設也是一到這裡就停止了圖51。因一九〇四年的道路建設而拆除或遷移的案例，目前還無法確認。

（b）市區改正事業

市區改正計畫雖然公告於一九〇六年，當局卻並未馬上將事業真正付諸實行，甚至可以說是相當緩慢。在一九三九年更訂的地籍圖上，可以看到不少因為新的地籍異動，而用紅筆加上去的計畫道路。

不同於先前所見一九〇四年的幹線道路建設，因市區改正事業而建設的道路，幾乎沒有一條是拓寬原有道路。因此，幾乎都出現了前述a～d的變化。

例如：由圖38、39看來，確實如先前所介紹，城內東門周邊：東門福德祠、孔廟、節孝祠、祀典宮、城隍廟的地點原本都相當接近，但現今完全看不到往日的城市景觀。節孝祠、祀典宮、東門福德祠都因建設市區改正道路而遭拆遷，

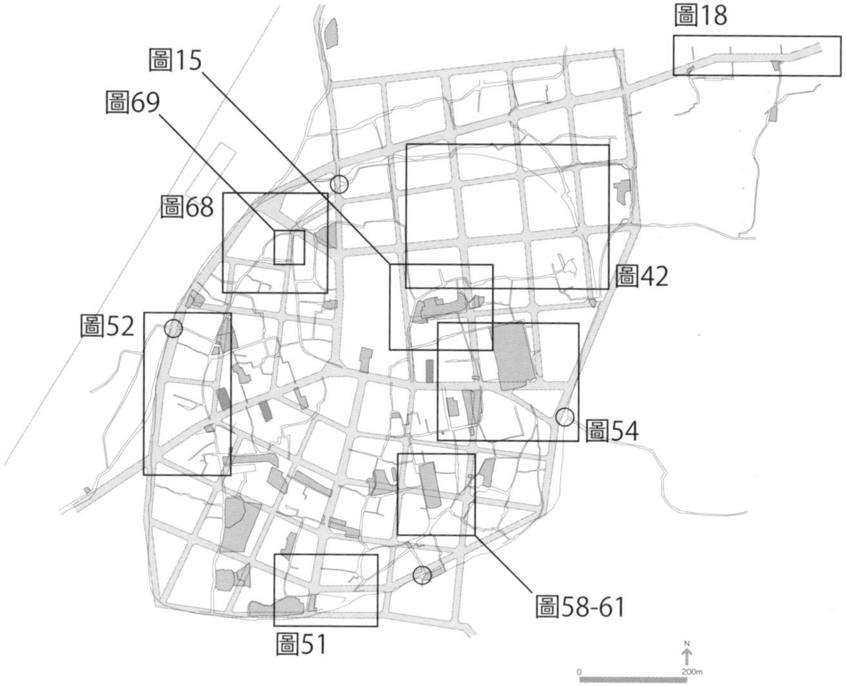

圖 50　各局部詳細圖之位置索引圖

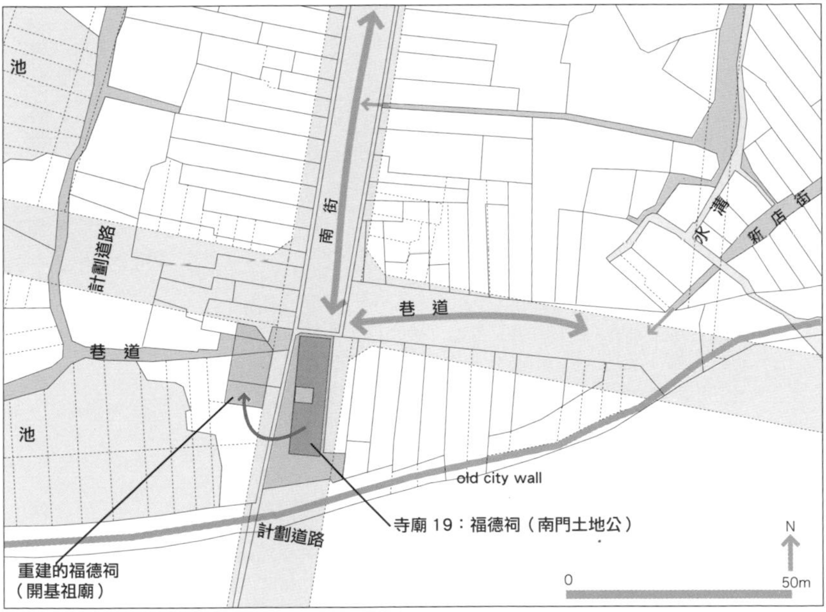

圖 51　**南門附近的變貌**　虛線為 1939~1981 年間發生之地界線。筆者以 1939、1981 年地籍圖為底圖作成。

其中，節孝祠的建築被解體，移建到東門外現址，祀典宮移至現永樂街北側重建，東門福德祠則完全拆除。

南門福德祠正如上述，在一九〇四年南門街拓寬時仍被保留下來圖51。但在一九〇六年的市區計畫中，那條道路（今民族路）往南延伸少許，跟南門福德祠所在地完全重疊。雖然在一九三九年更新的地籍圖上仍可辨認出南門福德祠所在地，不過，據說廟宇本身在一九三六年就拆除了。

元清觀圖15在前面已經詳細探討過，在此便不再贅述，但就連現今被指定為一級古蹟的孔廟，境內主要部分雖未受影響，但照壁、泮池、禮門等對孔廟來說相當重要的設施，都因建設市區改正道路而不得不面臨被拆除的命運。寺廟是台灣寶貴的文化資產，在這個層面上，日治時期的城市重組確實造成相當嚴重的衝擊。此外，由一九三〇年左右的記述看來，創建於十八世紀的壯麗孔廟，當時也已經明顯地腐朽了，可說是「改建迫在眉睫」（《彰化街案內》，一九三一）。進入日治時期以後，官立廟宇若想要妥善維護，應該是格外困難吧！

在慶安宮圖58、59，則像是把寬闊廟埕硬切成兩半似的，開闢出今日的永樂街。也因此，廟埕只剩下原有的三分之一左右。我們不能忘記，廟埕可供人們聚會、

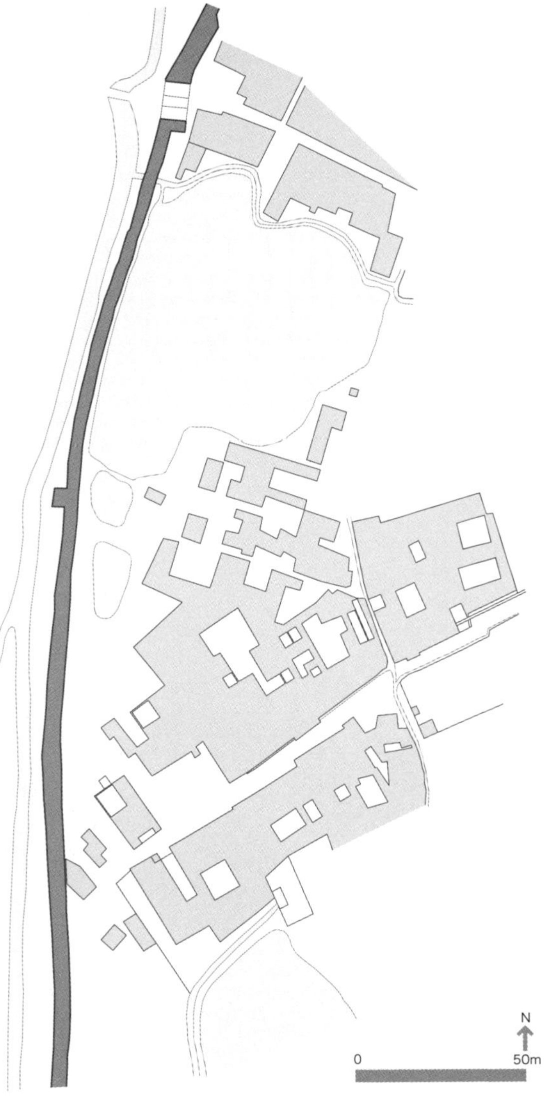

圖 52　**殖民初期西門、大西門街周邊狀況**　由圖上畫著城牆、城門、池塘、水路等看來，推測應是大西門街拓寬前製成。即圖 50 中所標範圍。筆者以國史館台灣文獻館藏，明治 36（1903）年公文類纂（冊號 4788）〈彰化城壁取毀認可〉之附圖為底作成。

圖 53　開化寺　筆者攝，2007

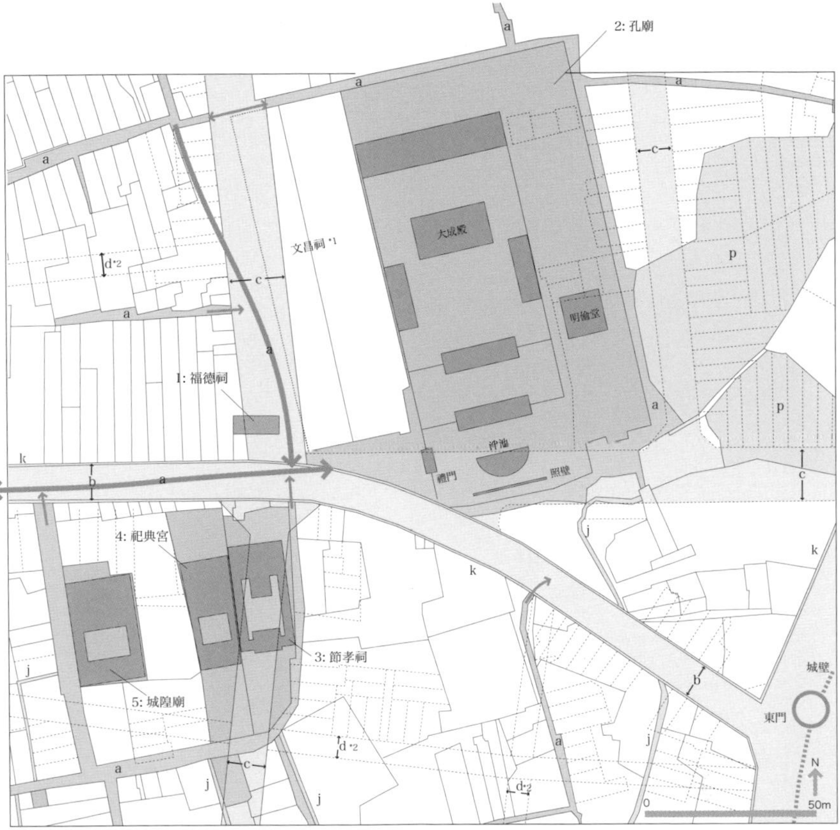

— 公圖（1939~81）上的黑線

⋯⋯ 公圖（1939~81）上的紅線

a　截至十九世紀止形成的街路

b　1904 年建設的道路

c　1906 年以降市區計畫道路

d　1937 年以降都市計畫道路

j　溯溝（至十九世紀）

k　溯溝（二十世紀起）

p　養殖池

*1　依《寺廟台帳》所載見取圖、財產目錄，孔廟附設「文昌祠」，台帳上以雙線將其刪除。

*2　道路建設尚未實施。

圖 54　**東門內之寺廟群情況**　虛線為 1939~81 年間發生之地界線。筆者以 1939 年作成之地籍圖為底圖作成。即圖 50 所標示的範圍。

開辦市集及舉行祭典，擔負著支撐城市近鄰共同體的重大社會意義。

此外，威惠宮（聖王廟）被完整保留在新的計畫道路街區內（圖43），也就是說，寺廟的占地及建築完全沒有受到直接影響。但我們不能不提及：威惠宮在城市結構中的位置徹底改變了，這也是寺廟周圍空間環境的巨大變化。另外，現今只要造訪威惠宮，就會發現有一座名為慶豐宮的小祠，彷彿緊貼著廟埕北邊而建，宮內供奉媽祖。這個廟名與該市的西門「慶豐門」相同，由此可得知，這座廟原本是奉祀在西門附近城牆上的媽祖（通稱「竹城媽」），因為建設道路、拆除城牆而不得不遷移至此。

（c）轉用為官軍產（政府、軍方、產業）設施用地

日治時期對寺廟造成物理上的影響，原因除道路建設外，還包括轉用為官軍產（政府、軍方、產業）設施用地。可想而知，殖民政府在設立各項必要設施時，這些在市街地中心擁有廣大廟埕的寺廟，很有可能會被當成相當容易取用的空間資源。

再來看看彰化，附屬於孔廟的文昌祠很早就遭到拆除，改作為幼稚園等用地。明倫堂在不久後也遭拆除，轉為水道局用地。此外，聚奎社（文昌帝君）也為了興建屠宰場，而於一九二八年拆除（《台中州文書》）。

（d）寺廟整理

接下來，還是免不了要討論寺廟整理運動。這部分已經有蔡錦堂對宗教政策史作出非常詳細的探討[23]。由其研究看來，寺廟整理是基於一九三六年七月總督府主持的民風作興協議會對諮詢所做的答覆，即「改善、打破」固有宗教習俗的方針，雖然各地方廳級在中日開戰後發起的整理運動中，州或市郡各自有不同的方針，不過到一九四一年十月因總督府指示而遭凍結的這個時間點上，全島整理數卻高達二、三二七件，整理率為三三·五%。遭拆除的建築物雖然遠低於這個數字，不過若是繼續貫徹執行下去，對台灣城市史的物理性、空間性及社會性層面，很有可能會造成決定性的衝擊。

由凍結後的調查資料來看，彰化市全境整理前寺廟數為七十，整理件數為廿七，整理率為卅六%（含舊彰化縣城外）。所謂「整理」，指已經完成廢止其「法人」身分的手續，其數字為廿七。

23 《日本帝国主義下台湾の宗教政策》（日本帝國主義下的台灣宗教政策），蔡錦堂，一九九四。

可惜的是，在彰化，沒有資料直接顯示哪座寺廟被廢止。不過，在運動凍結後宮本延人的調查紀錄中，只有遭廢止的寺廟主神被列成一覽表，將此一覽表與現今已不存在的寺廟相互對照（表1），可看出白龍庵（9）、土地公廟（12）、廣澤尊王廟（14）、順正府（18）、聚奎社（文昌帝君；31）等確實遭到廢止。

像這樣，台灣城市中的寺廟經歷過各式各樣階段性的物質變貌，從最早的殖民統治開始，隨著城市基礎建設發展，最後進入寺廟整理運動。

圖 55　**巷弄中的廟宇**　施昀佑攝，2013

圖 56　**巷弄中的廟宇**　施昀佑攝，2013

第十章
寺廟整理再考

寺廟整理的手續

實際上，即使能觀察出以市區改正為首的城市政策所造成的多樣影響，但到目前為止，在殖民統治對寺廟的影響上，卻都只是不斷強調要把「寺廟整理」視為宗教政策。這除了表示「城市」或「空間」還未被宗教社會史、殖民地政策史納入研究範圍之外，也如實顯示出，無名的城市空間及社會、文化的變化過程遭到城市史（都市史）、都市計畫史研究領域輕視。在這層意義上，以城市史觀點重新探討寺廟整理，具有一定意義。實際上，就如以下案例將看到的，寺廟整理本身有不少案例，跟整個日治時期施行的都市建設有關。

在台灣總督府的宗教政策下，寺廟由一八九九年七月十一日府令第五九號，〈旧慣ニ依ル社寺廟宇等建立廃合手続〉（依舊習對社寺廟宇等之建立廢止合併手續）管理，其設立、廢止、合併、變更名稱、遷移等，都必須得到地方長官許可。另外，依一九〇五年十一月十日府令第八四號〈神社、寺院又ハ本島ノ旧慣ニ依ル寺廟等ノ所属財産処分方ニ関スル件〉（有關神社、寺院及依本島舊習對寺廟等之所屬財產處分方式），所屬財產的管理則必須得到總督許可。在這裡，負責管理寺廟的市郡當局一方面要求廟方提出廢止申請書，將之提呈州廳審理，另一方面又要求廟方提出財產處分的相關申請書，經州廳上呈總督府，請求裁示。這裡的廟方，是指負責管理者及信徒。依宮本延人所見，登記上的財產所有人包括寺廟或祭神、財產管理人、祭祀團體三種。

關於手續的詳細過程，筆者想列舉若干《台中州公文類纂》的《寺廟台帳訂正關係綴》（台灣國立中央研究院藏影印資料）中的彰化市案例。依「寺廟問題」看來，在彰化市完成財產處分手續的寺廟有五件，但在台中州文書中只找到其中兩件。雖然兩件都是位於舊縣城外的寺廟，內容還是相當值得探討。

◎案例1　聖母廟（彰化市番社口牛埔子八七番地），**主奉天上聖母**（媽祖）

在這個案例上，首先，一九四〇年五月由管理人與信徒共計十名，作成以下決議書：

（1）廢止該廟

（2）將所屬財產土地之同等價金捐贈給市當局，作為教育設施費

（3）所有廢止手續均交予「彰化寺廟整理委員會」全權處理

（4）神像合祀於市內的「南瑤宮」

達成決議兩天後，他們分別以管理人名義向州知事提交「寺廟廃止許可願」（寺廟廢止許可申請），並且由管理人與信徒聯名向總督提呈「所属財產処分許可願」（所屬財產處分許可申請）。兩份申請書都附上前述決議書，財產處分許可申請書並附財產明細、前年度決算書、當年度預算書。最後，財產處分許可指令約於一年後一九四一年四月十日下達，寺廟廢止許可指令則於五月廿四日下達。

在這些手續中，對於廢止及財產處分而言不可或缺的寺廟登記事項，也就是財產所有人、管理人、信徒相關者、所屬財產等實際營運情況或土地台帳所登記的事項，他們反覆修正不一致之處並加以證明。再者，土地台帳中所有人被記載為奉祀的神明「天上聖母」，與管理人並列。

總督府方也同時保管一份寺廟台帳，因為諸項變更都有義務要報告，其間文書往返，會在管理人與信徒—市長—州知事—總督間上下來回多次。只不過，所有廢止手續都已由管理人、信徒全權委任寺廟整理委員會處理。寺廟整理委員會實質上就是市當局，也就是說，地方行政當局處理了所有手續。反言之，若不是這樣，事務手續會繁雜到根本沒辦法進展，而且登記事項一定會出現許多不明確之處與齟齬。

◎案例2　土地公廟（台中州彰化市彰化字西門四三八番地），**主奉土地公**

基本上與案例1幾乎完全一樣，在一九三九年五月廿六日由管理人、信徒共計十名聯名作成決議書，押同日期向知事提出寺廟廢止許可申請、向總督提呈財產處分許可申請。同時提交管理人選任届（報告書），案例1同時也發出管理人死亡證明。由於形式上理應負責財產處分手續的管理人多不存在或有名無實，就寺廟整理而言，有必要重新選任。

財產處分許可指令在一九四〇年九月十九日下達，廢止許可指令則遲至一九四一年一月十三日。決議書的財產處分計畫載明土地同等價金以及捐贈方案，分別捐給部落振興會集會所建設資金、警察署後援會設立基金、彰化市寺廟整理團體，財產則採拍賣處分。

實際上，一九三九年十二月十日的《彰化市報》也同時刊出告示，此拍賣將在同月廿二日舉行。再者，寺廟信徒或神明會也頻頻在這個時期於《彰化市報》上刊登廣告，督促組織成員盡快出價。由此可見，一般小規模的寺廟甚至連信徒都無法確實掌握。

寺廟整理的實際情況

寺廟整理凍結後的負責調查者是宮本延人，由其報告可得知，寺廟台帳、宗教團體台帳、土地台帳等記載，是日治初期應急調查將就製作出來的，因此大多與現實情況不符或尚未更新。此處舉出的兩件案例也有這樣調查不徹底的狀況，都在此時現出原形。當然，統治者試圖以寺廟整理的手法，在短時間內大肆實行寺廟統合廢止合併、財產回收，這件事不但棘手，而由傳統寺廟經營角度來看，這些殖民地權力規定的登記事務，似乎也並不特別必要。

接下來，將探討這兩件案例為何必須進行。首先，案例1的聖母廟，是為了連接彰化與南投的〈台中州產業道路改修工事〉（一九三九年十一月開工，翌年三月竣工）而「自動廢止」。因為廟宇部分早就拆除，只剩下基地，才會進入廢止及處分所屬財產的程序。此時，改善舊慣信仰、導正思想之類的問題已失去意義，主要是國土計畫上道路建設的事後處理。

接下來的案例2，則被說成是「建築物因腐朽而變得危險，已於數年前移祀，現廟內空虛，已成置物空間」。關於廢止目的，市當局的說法是「市內處處散布這類廟宇，有礙市區改正與市街美觀，宜廢止拆除」。因此，不單是這兩件，一般而言，在都市計畫、國土計畫上，寺廟都被當作「障礙」，被視為問題，而且也可以看出，到一九三〇年代末期，市街中似乎散布著任其腐朽的「小祠」。宮本延人等也敍述：散布在台灣城市市街內的寺廟，被視為都市基礎整備的最大障礙，而有「處分之聲浪」。

像這樣，寺廟整理成了藉口，是對城市政策視之為「障礙」的寺廟進行物質上的處分。另一方面，有些寺廟由於市區改正或設立政府軍方財產設施受到破壞，形同廢廟，寺廟整理在宗教政策方面也完成清算這些廟宇的任務。儘管如此，上述事實卻備受忽視，寺廟整理一直只被視為宗教問題。

從其他寺廟相關的文件可知，寺廟整理時，很多寺廟決議將管理人變更為市尹（市長）。由此也可以想像，現今彰化市內很多寺廟仍由市公所管理，其背景就源於此。寺廟整理時，財產處分案（除建築物、神像外）有廿七件（即全件處分，只不過僅有五件完成手續），而這些全都成了市方及相關團體的收入了吧？不止是在皇民化意識形態的層面上，我們在現實的地方行政層面上，也有必要以多方角度重新探討寺廟整理運動。

截至目前為止的研究，恐怕都是一方面著眼於傳統台灣漢人的宗教、社會秩序，另一方面又著眼於殖民政府所設定的宗教、社會秩序，把兩者互相抗衡的模式描繪成最淺顯的事件，以此角度看待寺廟整理運動。但是，實際情況並沒有那麼單純。從殖民統治開始直到一九三〇年、四〇年間，寺廟周圍的社會組織、物質環境應該都累積了相當大的變化，若能確實地去看待這個過程，應當能具體評斷寺廟整理的價值。只是，過往的研究都太過急躁，多半傾向一種容易理解的對立模式。

第十一章
兩張透明膠片

然而仔細考慮之後，這個反省說不定也適用於我們的城市史（都市史）研究。或許我們也曾經將傳統華南都市彰化與日治時期的市區改正分開來看，一味偏向「後者毀了前者」的觀點。確實，這兩種城市形態有截然不同的性格，幾乎所有層面都形成尖銳的對照。市區改正只承襲一小部分原有的城市街路網絡，將之拓寬，其餘大部分都棄之不理。像這樣把幾乎毫無關連的網絡蓋上去，簡直就像是把燒紅的鐵絲網烙在肉片上一樣。這樣的殖民統治，在城市深深刻下了明顯的雙重性，這就是宿命賦予殖民城市彰化的樣貌，影響直到今天。

但是，像這樣圍繞著「雙重性」的討論，未免也太一目了然了。在兩張透明膠片上畫下不同圖案，將兩張膠片疊合起來觀看，所得到的印象圖57會讓人陷入一種錯覺，以為我們是不是透過這再清楚不過的簡單構圖，就能看穿一切？並且，像這種經由「兩張透明膠片」所得的理解，也容易引發簡單淺薄的意識形態。也就是說，我們不知不覺地以「前近代／近代」、「傳統／近代」、「自然生成的／計畫性的」，以及「台灣人（民眾）／日本殖民地政府」、「被統治／統治」等一連串互為共犯的二分法，來對比十九世紀的城市與二十世紀的市區改正。而這些，不也與訴諸單純淺薄道德正義的殖民地主義批判連結嗎？反過來說，這樣會不會太小看殖民地的特性了呢？

元清觀牆面就像是城市重組的創傷，而這其實應該早已足以令我們看出，這樣的二分法是行不通的。在那個「截斷」上，當然找不出意圖避開原有物的動機，就連意圖破壞的動機也很難明確看到。從一開始，市區改正就擺明了不去全面介入台灣城市，甚至可以說，這種技術及制度的特徵，就是在前進時總會留下一大片無意識的領域！

此外，占彰化人口九成以上的台灣漢人很快便理解到，市區改正開闢出來的道路，將成為城市的新「表面」，他們順應這點，重新分割土地，開出店面。

圖 57　**兩張透明膠片**　彰化縣城（十九世紀末）與市區改正（二十世紀初）套疊在一起的樣子。筆者作成

城市居民無名的經營，並未受限於單一系統，反而縫合了兩種系統，填補其中的矛盾。

再補充一點，其實在整個日治時期，「兩張透明膠片」上的兩種圖案從來都不曾在現實的城市中實現。正如我們在前文多次提及的，即使到日治末期，一九〇六年的彰化市區計畫也只完成將近六成左右而已[圖33]。若現實中沒有人的視點能同時兼顧「兩張透明膠片」，這種將傳統華南城市與日治時期市區改正重疊起來，再消去時間變因的理解，也未免太形式化了吧？我們應該具體地沿著事件進行的順序，觀察其中發生的變化傾向才是。

計畫的無意識、無名事物的橫斷性、變化的順序與斜率（slope），這些都不是用「兩張透明膠片」的形式就能說明的。行文至此，我們總算回到「如何啟動」這個最初的提問。當然，為了要走到這一步，也絕對無法避開「兩張透明膠片」的形式！

第十二章
變動部分與不變部分

以慶安宮周邊為例

舉一個例子來看。我想以公圖二（一九三九～一九八一年）為基礎，一邊說明到目前為止的解析，一邊以稍稍異於目前的理解為目標。這裡用來檢討的材料是慶安宮（主祀保生大帝）與該寺廟周邊（圖58、61）。換句話說，就是設定一個某種程度上能涵括一般性條件的小範圍，企圖由定點觀測來捕捉時間上的變化傾向（傾向性、微分係數）。

由寺廟台帳的見取圖看，慶安宮廟宇前面有一片很大的廟埕。一進舊縣城南門就能看到名為「新店街」的鬧街朝東北方向延伸，穿過此新店街區域，便可看到慶安宮廟埕展現在眼前（圖中的a1）。由一九一〇年的地形圖看來，廟埕前面

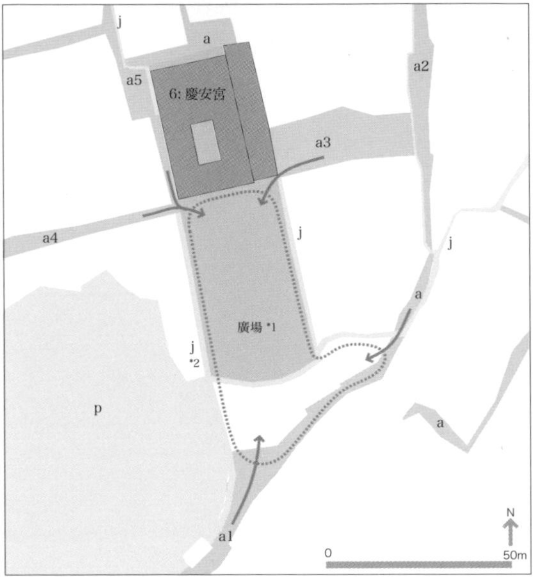

圖 58　**慶安宮周邊情況（市區改正前）**　筆者先消去 1939 年公圖上的市區改正道路、宅地開發線，再依《寺廟台帳》添附圖等復原作成。即圖 50 所標示的範圍。

圖 59　**慶安宮周邊情況**　1939 年公圖

— 公圖（1939~1981）上的黑線

…… 公圖（1939~1981）上的紅線

*1 可想像慶安宮廟埕與南側開放空間原本應為一體（虛線框出部分）

*2 這條測溝今已成巷道

*3 道路建設至今仍尚未實施

a 截至十九世紀止形成的街路

b 1904 年建設的道路

c 1906 年以降市區計畫道路

d 1937 年以降都市計畫道路

j 側溝（至十九世紀）

k 側溝（二十世紀起）

p 養殖池

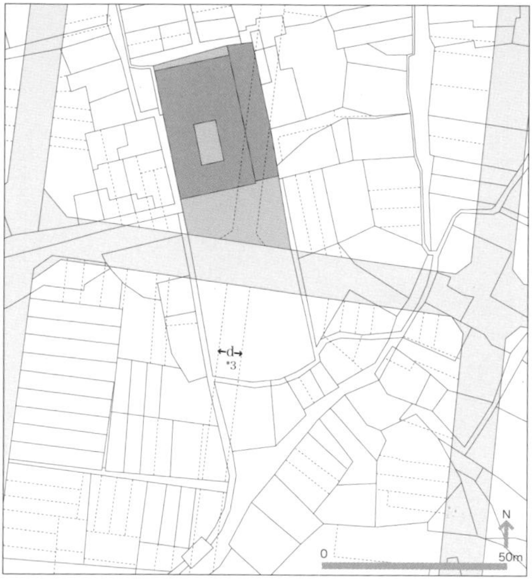

圖 60　慶安宮周邊情況　1981 年公圖
圖 61　慶安宮周邊情況　2004 年公圖

圖 62　**慶安宮與廟埕**　筆者攝，2010

圖 63　**慶安宮廟埕與其南側化為住宅地**　筆者攝，2010

圖 64　慶安宮廟埕與其南側化為住宅地　施昀佑攝，2013

並沒有建築物，由此可推測，街道跟廟埕是連成一體的寬闊開放空間（圖58中以虛線框出的部分）。這條街道微微彎曲（a2），就這樣畫著大弧線來到東門內的城隍廟、祀典宮（媽祖）、節孝祠、東門福德祠、聖廟（孔廟）等集中的區域，但在街道前方，廣場狀的空間朝西突出（a3），從這裡也可以通往慶安宮的廟埕。在背面也有一條從南街（由舊縣城中心的開化寺前方往南直直延伸的鬧街）往東的街道（a4），同樣可以通到廟埕。甚至，廟宇背後也有街道（a5），就像這樣，好幾條街道自周圍往慶安宮集中，連接廟埕。若不將這些街道及廣場結合成的部分當成一個開放空間來看待，大概不容易捕捉到二十世紀初的景觀吧！

此外，見取圖上廟埕的三方環繞著記號「ミゾ」（溝），那是日文片假名，代表側溝（圖中的k），這些側溝也沿著街道，時而橫切過道路，遍布於市街上。放在側溝上當作「橋」供人車通行的蓋板應該隨處可見。我們也能在一九三九年更訂的公圖中，清楚看到這樣的側溝。

廟埕西邊有一個魚池（養殖池；圖58中的p）。水面大大延伸到新店街背後，可以想像水面上映出土确民家的背面，以及其中所洋溢的人民生活風景。現在已很難想像在當時那樣的市中心區，竟留有如此低度開發的土地。

慶安宮信徒分布的地域範圍應該不廣。由寺廟台帳的記載來看，該廟的信徒是周邊街區的一百名民眾。慶安宮創建於嘉慶年間，爾後因廟宇損壞嚴重，進入日治時期後，於一九〇二年利用信徒的公積金展開大規模整修。

一九〇六年，政府公告彰化市街的「市區計畫」。我們可以說，本書到此為止所陳述的，都是計畫前夕的景觀。計畫道路的路線，在慶安宮周邊圖中以記號「c」註記（「d」則是一九三七年以降的計畫變更時追加的部分）。不久後，慶安宮的廟埕被道路切成兩半，只有靠廟宇的這一半留下作為廟埕。雖然還無法正確推定，但訪談後得知，這條道路確實建於日治時期，再對照幾份都市圖來看，可推測是在一九三〇年前後。

這條道路建設後，土地的重新開發開始進行。根據訪談附近住家的結果，廟埕西南邊的大池塘是日治時期結束後才填平的，但從一九三九年的公圖可發現，這裡已開始逐漸被畫分成又窄又深的長方形住宅地（當然也有可能只是先進行分筆登記）。這些住宅地的進深大致相同，由此很容易想像，這裡應該是要進行整體開發，並興建連棟式店鋪住宅吧！

我們可以推測，到十九世紀為止，除新店街外，這個區域並沒有店鋪住宅林立的鬧街，多是長寬比例接近正方形的土地，所以，在這些土地上建造的住家，應該也與農村並無二致（現今地方小城市的市街中心仍可看到不少凹字形、L字形平面配置的合院形住宅）。此時，市區改正道路開通，兩旁有店鋪住宅並排而立的路也開始形成了。

在一九三九年，還只有這個養殖池的分筆比較醒目而已。即使由訪談去推測，實際的開發可能還是在殖民地統治結束後居多，尤其是經濟成長期。只不過，「計畫」在實現的那瞬間，那實現的結果便成為城市的一部分。創造出來的部分在實現的瞬間成為過去，就這樣與其他過去一起呈現在眼前。而這些，將成為決定後續變化斜率的基礎。

接下來的圖60中，虛線代表一九三九～一九八一年間產生的地界線。適合興建店鋪住宅的長方形土地區畫持續增加。計畫道路沿線的土地劃分得越來越細，我們彷彿看到了店鋪住宅逐漸林立的過程。而市區改正前舊街道的沿線土地也有一部分正在進行分割，土地潛力整體的提升可見一斑。在這期間，有些較為零星的現象，例如「a4」巷道因為與市區改正道路重疊而消失，包圍廟埕周邊的部分，也因太接近東西計畫道路而被住宅地吸收，現已不存。「a3」則完全變成住宅地。像這樣，人們不再取道通過，或就土地利用而言不划算的巷道片段（公有地），轉賣（公告賣出）給民間的狀況屢見不鮮。

圖61是二〇〇四年的情況，即一九三九年更新的公圖經歷一九八一年的重測後，又過了二十年以上。令人驚訝的是，所有土地幾乎都以大致相同的尺寸比例細分，整個城市完全受制於這樣的分割方式。廟埕南半邊的土地，到這個時期終究也開始分筆，並建起街屋。看來土地幾乎已經達到不可能繼續再細分的臨界點了。市區改正後仍得以保留的慶安宮廟地、小巷道及計畫道路本身，看起來反而成為這張圖中的「留白」呢！

照這樣看來，日治時期終結（一九四五年）之前與之後，市區改正後城市變化的斜率不但是完全連續的，而且即使到經濟成長期後也保持不變。而這個斜率，應該可以用非常單純的原則規定出來吧。也就是說，將該凍結的部分縮小到最低限度，其他則完全重新組織。那麼，對該凍結的部分（非凍結不可的部分）而言，到底是逐漸縮減了哪些部分呢？在這個案例中，應該是寺廟與最低限度必要的通路（path）吧！

接下來要探討的有點細，舊廟埕的西側水溝（圖60的＊j部分無法確定是否已被填起或成為暗渠）如今已變成巷道。雖可讀出廟埕及魚池被完全開發為住宅地，但在當時，將以往的水溝轉換成街道，應該是取得通路通往「裡」的最快方法吧。在這種情況下，這個例子雖然可以不算是凍結，而單純只是照原樣轉成通路，不過，土地形態原地原樣保存下來，也是不爭的事實。

如此讓我們覺得，似乎可以從市區改正後台灣城市再組織的過程中，找出「不變部分」與「變動部分」間的動態關係！

動態的時間性

「不變部分」指不去變動昔日固有的處所，持續保存該土地固有形狀（部分保存也可以）。由前述的案例檢討來看，雖然慶安宮的占地被切成兩半，其中，北邊那一半這七十年來可說是沒有改變。此外，舊街道中作為通往各住宅地的通路而不可能被廢除的部分，終究也稱得上是「不變部分」。當然，市區改正道路在建設後也不可能變動。由於不變部分經過非常長久的時間後仍保持固有處所及土地形態，對其他變化較為自由的構成要素來說，使發揮了指標（guideline）功能，讓我們得以觀察其中的變化。

「變動部分」則藉由其自身移動變化，來體現城市的動力論（dynamism）。店鋪住宅即其代表。從現今彰化地籍圖可看出，在台灣，這正是市區土地開發時所採用的獨一無二的常數。但是，「變動部分」也並非毫無原則地隨意變動。店鋪住宅無論如何都得正面朝向街道開店。用上述的案例檢討，來看待市區改正道路建設至今為止的變化過程，便能明白這原則執行得很徹底，即使傳統華南城市與市區改正並存的道路網雙重化，這個原則依舊不變。以已經複雜化的道路網為前提，在能夠設置「店鋪＋住宅」的範圍內，盡可能「高密度＝有效率地」分割土地。因此，從市區改正道路垂直拉過來的分割線，以及沿街區內殘存的曲折老巷道以手風琴風鼓褶子般的角度偏移分割的垂直線，才會至今仍相互交錯並存。寺廟屬於小巷道網絡系統，也是不變的部分，就像尺一樣定出土地分割的角度。

「不變部分」堅守其固有的處所與形態，「變動部分」則是堅守相對於街道等新舊不動基礎的相對關係。也就是說，維持兩者的原則並不相同。店鋪住宅沒有理由拘泥於處所的固有性，反而立刻理解調整過的城市骨骼，以之為原初條件，加以接受、順應即可。另一方面，無法捨棄固有處所的寺廟及巷道，則因市區改正道路登場，在城市內空間上的位置徹底改變了。

亦即：我們能夠在城市變化的過程中，像這樣提取出持續（反之則是變化）的雙重性。這樣的組合，可不就是「城市」此一機制的微妙之處嗎？

先前所見的「兩張透明膠片」圖57，可說是將城市的變化過程描繪成所謂「消去時間變因」的水平對比。這麼一來，此處所顯示的兩種持續（變化），不正恰好指出了兩張透明膠片之間垂直相交的時間性機制？

第十三章 架橋的設計

復原了舊彰化縣城的有機形態，以及殖民地政府想套疊上去的市區計畫形態；將這兩者重疊之後，這座城市也具備了雙重性。這不單影響了寺廟，也對沿街林立的街屋及其背後延展的三合院等家屋構成巨大衝擊。唐突提出的「計畫」可能會削去建築物的正面、砍掉背面，甚至將土地變成幾乎無法使用的畸零地，令人不知如何是好。說不定某些土地原本之前都位在「裡」（後面），現在卻突然被翻轉成「表」，站上開發的最前線呢！

城市是由土地與建築物遵循一定模式聚集而成，筆者總是把城市看作織品。織品當中，有複數的線織就的多樣花紋（模式；pattern），這些稱為組織。同樣地，在世界各地的城市中，也都有以土地與建築物織成的多樣組織，這些可稱之為

「都市組織」（urban fabric / urban tissue）。這個語彙，通常用於解析歷久不變的歷史性市街結構，不過，請想像一下布疋被撕開的樣子。撕裂處會有綻線吧，如果用不同顏色的線來縫補撕裂處，同時改變線的走向，那會怎麼樣呢？隨處都會出現脫線、隙縫、皺褶吧，但縫縫補補，勉強拼湊出一片堪稱織品的東西，也並非不可能的事。

在前面的章節中，我們看到的便是其中一例。現狀（二〇〇四年）的地籍圖中所顯示的狀態是：百年前的坯布，有部分被挑開，跟新的部分一起重新編織，逐漸形成複雜的織品。當我們試著抽出更多與這種過程有關的例子，便能輕易清楚看出，彰化是如何一邊將市區改正融入自身，一邊改變自己存活至今。

我們已經知道市區改正的基礎。市區改正只是取得道路用地，其他的一概不碰。反過來說，要修補、重建或賣掉被遺留下來的部分，也都由土地所有者決定。台灣漢人占彰化總人口九二%，實際上，如果沒有他們的微薄經營，靠殖民者權力進行的城市改造，就會僅限於道路及下水道建設事業。當然，殖民者可以用權力在法律上限制他們的行為。殖民統治也確實使人口增加、刺激住宅地開發，甚至，殖民地的產業及流通，也大大改變了十九世紀的建築材料及建築技術！在這樣複雜的條件下，城市一邊被破壞，一邊被修復，在被修復的同時，樣貌也隨之變化。

以下，以抽取出的例子，來說明城市如何縫合跟填補自己所產生的雙重性（分歧：gap），重新織出一塊複雜織品的過程。這個時候，地籍圖也能讓我們發揮相當大的想像。

（1）patching　打補釘、封住

街屋的門面與亭仔腳

例如，試著假設原有商業區街道拓寬後的情況吧（圖65）！原本並列而建的街屋正面（門面部分）有數公尺因為市區改正道路而遭破壞，建築物的進深因此縮短，正面開了道大口。市區改正就是如此，只作道路跟下水溝，房子只要碰到道路線就會被拆掉，至於房子或土地會變成什麼樣子，當局乾脆置之不理。所有人在這種狀況下能做的，就是想辦法把敞開的正面補起來，也就是重作門面，而原本的店鋪與居住空間分配也只好往後方作必要程度的移動。

但這時，所有人仍不得不遵照建築法規，在所有地面對街道的一樓設置符合

圖 65　**鹿港中山路拓寬工程**　《鹿港懷古》，左羊出版，1994

規定尺寸的亭仔腳。亭仔腳，是指把私有地沿街的部分保留成有頂步廊，開放給大眾使用，如此一來，人們在城市內移動時便能避免豔陽照射與雨季豪雨。台語（河洛話）的「亭仔腳」，似乎從過去就是指住宅屋簷下方的語彙。依黃俊銘所述，一八八五年擔任台灣巡撫的劉銘傳，在以鐵路、築港、電信及郵務等為首的洋務運動（近代化政策）中，把亭仔腳當成街區近代化的一環。一八八七年，隨著台北開闢了石坊街、西門街及新起街等街道，官方制定了建築規制，規定民家有義務設置連續步廊。

雖然無法確定這樣的步廊在劉的時代是否被稱為「亭仔腳」，不過由於日本殖民政府在一九〇〇年八月發布的「台灣家屋建築規則」中採用了「亭仔腳」一語[24]，劉有可能已經用過這個語彙。在另一方面，我們自然會推測，不論劉銘傳或日本政府，都參照過新加坡等東南亞西歐殖民地自十九世紀前半起就已盛行的這類附有連續步廊的街屋（shophouse）。

由這個「台灣家屋建築規則」看來，日本政府以殖民地權力直接參與的就只有道路拓寬的部分。而伴隨著這個部分，在所有人的負擔之下，便實現了這種道路的兩側（或一側）具備有頂步廊、非常適合亞熱帶及熱帶殖民地的道路斷面。

24 一九〇〇年〈台湾家屋建築規則及施行細則〉第四條中有「建築於道路旁的家屋應設置有簷庇的步道（亭仔腳）」的敘述，「亭仔腳」一語已經出現。另外，一九三六年制定的〈台湾都市計画令〉第卅三條中有「於行政官廳所指定之都市計畫區域內道路沿線上建造建築物者，需設置台灣總督所規定之亭仔腳，或以之為準的設備」，由此我們也可以追認「亭仔腳」為一法律用語。至於一九〇〇年前，台灣社會是否用到「亭仔並且，即使建築物大部分都以木結構及木舞壁（台語：栟堵壁＝編竹糊土牆）或土确等傳統工法建造，包含亭仔腳在內的門面部分，正好可以趁此機會改成紅磚或鋼筋混凝土，而在設計創意方面也可以做出西洋風格的柱型，或在破風上添加富貴吉祥等爭奇鬥豔的「中華巴洛克」、「裝飾藝術風格」（Art Deco）等，隨著時期不同，多樣的西式風格外觀逐漸取代原有的城市景觀。

寺廟的案例

由於以市區計畫為基礎的道路建設事業（一九三九年前後），彰化市內的古廟元清觀（一七六三年創建）建築物的西南角被薄薄斜切去一部分。應該是正逢戰時吧，該廟才會無力改建，只做了應急處理，將原本的磚牆拆去必要部分，退到新的道路界線上，重新砌起磚牆，使得屋頂架構的木作部分彷彿穿牆而過。

殖民政權結束後，在國民黨的政權下，元清觀於一九八五年八月十九日被指定為國家二級古蹟，因此，廟的改建之路完全無望，反而原原本本地將這間廟與市區改正相遇的痕跡保留了下來。道路公有地與國家級文化資產雙方，就迫不得已把這個非常特別的補釘（**patch**）保存了大約六十幾個年頭。

腳」這個用語，目前仍無法確認，不過可以想像的是，亭仔腳應該原本就是指簷下（屋簷下方）的語彙。參見黃俊銘、泉田英雄《台湾における劉銘伝の町並み開発及び亭仔脚の法令化について》（關於在台灣劉銘傳的街區開發以及亭仔腳的法令化）日本建築學會大會學術演講梗概集，一九九〇年；「黃俊銘、西山宗雄「日本占領時代台湾における亭仔脚の普及について」（關於日據時代台灣亭仔腳的普及）日本建築學會大會學術演講梗概集，一九九二年。

二〇〇六年春，我聽到「元清觀大火」的消息。根據新聞報導，四月九日晚間十點鐘左右，附近居民聽到木材燃燒的聲音而報警，消防隊出動後在十二點鐘前撲滅火勢。正殿幾乎全毀，與其相接的側廊等結構損傷嚴重，後殿、三川門及土确造（包含紅磚部分）圍牆雖然也受到波及，卻仍然保持原本形態。但是因為這場火災，我們失去前述保存了半世紀以上、經過修補的截斷面 圖66。

遭遇祝融後的建築本體修復工程，於二〇一〇年五月竣工，並於二〇一一年一月五日由管理人，即現任彰化市長邱建富率領，舉行了重修入火安座保安福醮大典。這次修復所採的方針是：保留殘存的舍殿及迴廊，重現受損壞部分。因此，市區改正道路與原有寺廟軸線間的角度偏移也原樣保留了下來。被市區改正削掉的部分已成道路用地，若要復原這些部分，在現行文化資產保存法規上雖有辦法解套，當局卻基於現實考量，決定不復原。也就是說，這次修復工作的設計，是恢復火災前那個原有的截斷面。雖然客觀來說，我們應該視之為適切考慮建築物的歷史價值及現實上諸多條件後所下的判斷，但這也是諷刺的事實。無論如何，市區改正的痕跡將會就此藉由這座文化古蹟建築，繼續保留下去吧 圖67。

圖66 2006年4月9日下午10時左右遭逢火災後的元清觀 鹿水草堂 陳仕賢攝，2006年4月11日

圖 67　**修復後的元清觀正殿南牆面局部**　請與火災前於同一部分拍攝的圖 14 做比對。筆者攝，2011 年 12 月 27 日

（2）redevelopping　將未利用、低利用地化成住宅地

正如目前為止所見，清末的彰化城牆內部仍殘留許多未利用、低利用的土地，店鋪住宅櫛比鱗次的繁華大街也不過那麼幾條，再來就僅有店鋪住宅後面的宅邸和重要地點上建有寺廟等建築物而已，城牆附近還散布著池塘，另外也有一些農地。

像這樣的地方，只要建起市區改正道路，就會被視為「表」而開始開發。池塘被填平，農地或荒地也會被整平，變成住宅地。說到「變成住宅地」，實際上的開發模式也不外乎把土地分割得窄深狹長，以適合設置店鋪住宅。市區改正後的城市會不斷進行分割，直到完全被面寬約五公尺、進深約三十公尺的同尺寸同比例的標準住宅地填滿。其中的一例，我們已在前一章敍述過，我們甚至可以在那裡觀察到往昔的廟埕被化為住宅地的過程。

（3）adjusting　調整已偏離的土地分割

在北門附近（城內），相對於原本的道路，市區改正道路稍微偏離些許角度，為建設這些道路，土地分割與道路無法形成直角。在城市內有好幾處這樣的案

例，不過通常都以打補釘（patch）的方式了結。然而在這個區域中，有十一份土地的土地所有人，似乎在同一時期進行整體重建，讓建築物與新的道路形成直角。因為在這個時期，土地也沿建物重新分割，地籍圖上畫出了新的地界線，使得一間建物下竟有三筆土地圖68、69。

這種調整，若非沿街土地建物所有人共同參與進行，是不可能完成的。由訪談得知，這部分被改建為七間鋼筋混凝土五層樓房。現今南側仍有四間紅磚兩層樓店鋪住宅留存，藉此可一窺日治末期十一間連棟店鋪住宅的樣貌。

若再仔細尋找，應該還有許多像這樣的例子。不論如何，像這樣的小規模開發，是重新編織已遭雙重化的都市組織的具體手法。

（4）re-alloting 重新分配角色

狹窄而彎曲的舊有街道，以及呈直角相交的寬幅道路，兩者原本就具備不同性能。可是前者並非單單失去機能而已。我們應該將這視為角色生變，或角色重新分配，才較符合實際狀態。

現今看來是小巷的道路，原本是大街，很多即使幅寬只有二至三公尺，其實

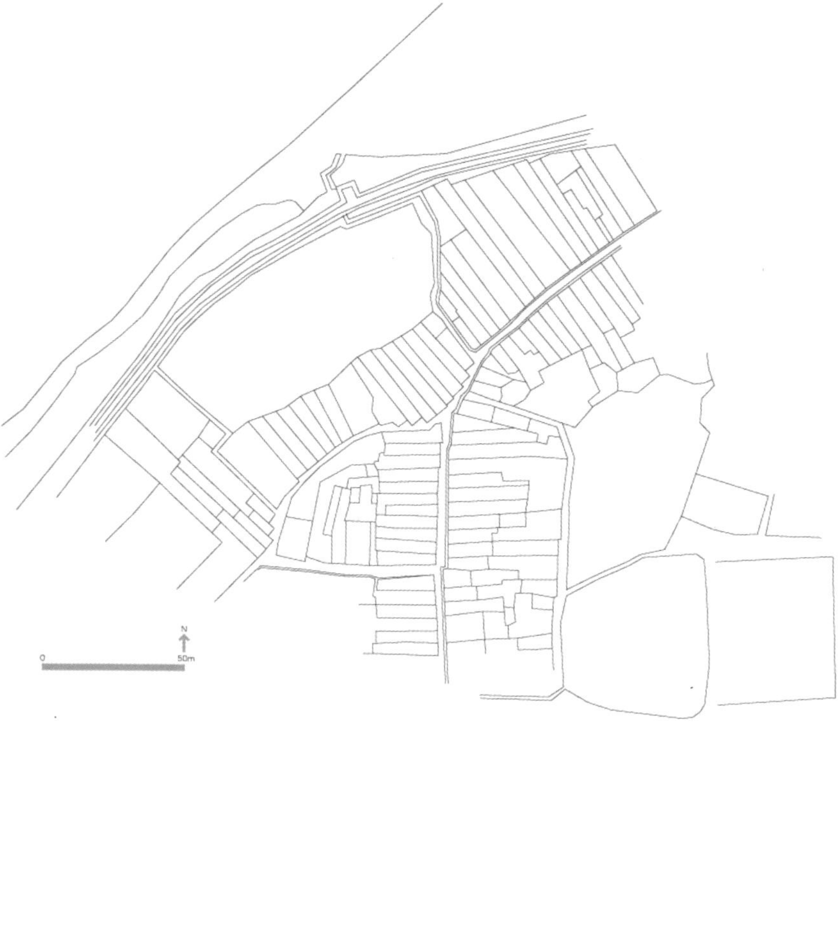

圖 68　1900 年左右的北門外市街地　即圖 50 所標示的範圍，筆者以藏圖為底作成。

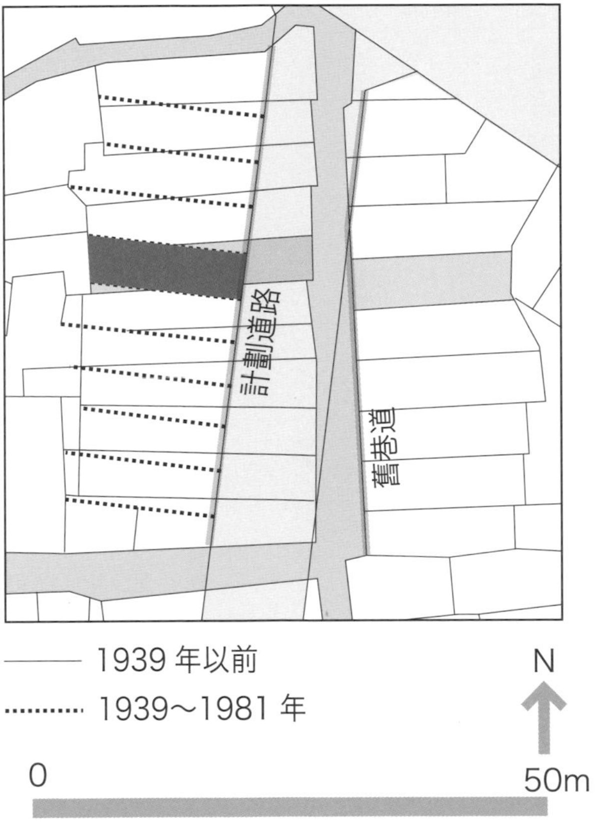

圖 69　**北門附近市街地的重新組編**　即圖 50 所標示的範圍，筆者以 1939、1981 年地籍圖為底作成。

在當年也有可能是繁華商店街呢！市區改正一旦開闢出垂直相交的街道網，也會創造出嶄新的城市景觀，有亭仔腳，也有西式門面，店鋪也會跟著逐漸移過來。同時，小巷也確實因此立刻失去商業價值，因為城市形成新的「表」，原有的街道被翻轉成「裡」（後面）了。但是，這樣的小巷子也會留下許多寺廟及傳統生活文化，這些都是在「表」看不到的。此外，由交通層面來看，當表的市區改正道路逐漸被汽車占據，在此同時，裡的小巷子卻仍然被人們當成通學及去市場買菜等的小徑，持續活躍著（圖10、12、70、72）。

特別是在彰化這個案例中，還好因為新舊街道體系形成非常尖銳的對比，重合在一起，古老的街道網雖然被斬得如柔腸寸斷的線，但由整體來看，舊街道依然足以自成一片網絡而保留下來。台南市近幾年來，也重新嘗試著眼於這類小巷道的街區建設。

（5）hiding and coming out　躲貓貓（暫時隱身又出現）

最後來介紹一個很有意思的案例。在往昔彰化東西南北的城門附近各奉有一尊土地公（福德祠），在守護城市的同時，也賦予人們城市地理的觀念。東門福德祠（圖54）與南門福德祠（圖51）的建築物都因市區改正道路事業而遭到破壞，連土地也因此不保。

但是，這兩座寺廟後來也復活了。南門福德祠的建物在一九三六年被拆毀後，神像就移祀到關帝廟。近年來，在接近原址的位置（民族路與華山路交叉點）重建了一座全新的廟宇。另一方面，東門福德祠則毀於二十世紀初，之後神像被奉祀在城隍廟（彰邑城隍廟）內，直到經過將近一世紀，二〇〇五年才總算以「入住」附近兩層樓建築物的形式，再度獨立成廟（圖73）。

此建築物為彰化市警察交通隊所有，土地則是元清觀廟地。如前述，許多寺廟在一九三〇年代後半的「寺廟整理」時期，都被移交給彰化市由政府管理，市尹則成為管理人。現今，彰化市仍有許多寺廟以彰化市長為管理人，元清觀也是其中一例。東門福德祠應該也是基於這個緣故，才得以復活。

這兩座寺廟在漫長的歲月中，慢慢消除了因市區改正而與城市產生的乖離，這應該也算得上是都市為了存續下去而重新自我組織的一例吧！

圖 70　小巷道生活光景　筆者攝，2009

圖71　小巷道生活光景　施昀佑攝，2013
圖72　狹窄而彎曲的舊有街道　施昀佑攝，2013

圖 73　今東門福德祠　筆者攝，2009

第十四章
城市的細胞

最後，我們還是應該回頭討論店鋪住宅，因為構成都市組織的基本單位正是店鋪住宅。到目前為止，我們所描述的各式修復，基本上也是環繞著這個基本單位。

這次讓我們試著以人被切下來的手指來比喻因市區改正而形成的切斷面。新的細胞會自行集中，在切斷處形成皮膚。市區改正道路兩側全都是切斷面，也就是說，今日我們在主要大街所見的景觀，全都是新的皮膚。當然，像元清觀那樣的「不變部分」，被切斷的面就只能原樣保存，只不過，斷面凍結畢竟是特殊案例。假設市區改正道路造成的切斷面總長有十公里，則其中九．九公里會形成新皮膚，只要長出皮膚，自然就看不出來哪裡曾是切斷面了。

這些皮膚的細胞，正是店鋪住宅。正如我們在檢討慶安宮周邊的案例時所見到的，當可以建造店鋪住宅的長方形土地覆滿了整座城市，樣子看起來其實有點詭異。這個運動幾乎是自動進行的，直到統治整座城市為止。當然，不會有指導者來控制此一過程。無名的地主們，與出現一下就又立即消失的建商及開發公司等，就像在無意識層面被洗腦似地，幾十年來都採取了相同類型的行動。

當然，店鋪住宅緊密蔓延的城市開發，在日治時期之前就已經存在。因此，我們應該也可以想見，城市因市區改正而實際進行的行動，應該是實行並累積原本就有的變化模式。換言之，市區改正是順應殖民地的統治、開發目的而來的「專案計畫」（project），並啟動或加速了城市中內藏的「程式」（program）。

在學術上，有時會用「台灣傳統長形連棟式店鋪住宅」來指稱台灣的城市型店鋪住宅。這個用語因為考慮太過嚴密周延，唸起來反而有點拗口。許多研究者至今仍相當關注這種店鋪住宅，將之視為建築形式的一種類型，或是發展過程的一種理論，甚至對店鋪住宅進行計畫學式的分析[25]。不過，在此我們要思考的是這個被稱作「店鋪住宅」的建築，朝向所謂「城市化」的舉止。

這種即將填滿台灣城市的店鋪住宅有一些明顯的特徵。面寬約四至六公尺，

25 黃羅財《台灣傳統長形連棟式店鋪住宅之研究》東海大學建築研究所碩士論文，一九八三。《アジア遊　》特集「アジアの都市住宅」，二〇〇五年十月。

多與左右鄰居共用同一面牆壁。這樣的一個面寬單位稱為「間」，店鋪住宅則以一間、兩間來計算。店鋪面街開設，內部深處或樓上是居住空間。進深有時非常長，若想架設斜屋頂，就一棟進深過長的建築物來說並不合理，而這些建築為了採光及通風，便採用多棟並列、中間夾著天井的形式（院落式）。至於面街部分，許多建築會設置有頂的步廊圖74。只要在盛夏的台灣街頭走過一回，立刻就能理解，遮蔽劈頭射下的豔陽及驚人年雨量有多麼切實而重要。這種步廊在台語（河洛話）稱為「亭仔腳 ting-a-kah」，正如前述，是承襲清末劉銘傳的政策而來，並在日治時期普及開來。殖民政權結束後，國民黨政權也繼續沿用，在都市計畫指定區域內的建築物都有義務設置，但法規上的用語則改為「騎樓」[26]，現今一般大眾也大多以「騎樓」一詞稱之。

對了，到十九世紀為止，台灣的店鋪住宅仍以木造圖75、76或土确造的平房居多，彰化也有像圖46這樣的照片可供佐證。日治時期，磚造甚至鋼筋混凝土造的兩至三層圖77、80樓建築物開始增多。如前所述，即使到一九三〇年左右，彰化的人口中九成仍是「本島人」（台灣漢人 語彙集1），其中尤以紡織批發商最為興隆。

26 「樓」是指二層以上的建築物，故當建築物的二三樓等建在步廊上方時，便使用此一語彙

圖 74　亭仔脚例　筆者攝，2007

彰化街は商業地として古い歴史を有し、伝統を重んじ、伝来の恒産が非常な力強さを感ずる、従て営業上に関しても比較的脅威を感ずべき程度が少いのは事実である、殊に全島に於ける綿布取引の首位を占め一箇年の取引高は千三四百万円に達し、全街に於ける総取引高の約六割を閉めて所謂綿布町の観がある。

彰化街是片商業地，歷史古老，重視傳統，能令人感受到祖先傳承下來的恆產有非常強大的力量，因此在營業上比較不受威脅，這也是事實。特別是彰化街占全島棉布交易之冠，年度交易額可達一千三至四百萬元，約占全市交易總額六成，看起來宛如所謂的棉布街。

——引自《彰化街案內》，一九三一年

圖75　木造街屋正面　筆者攝，2007

圖 76 木造街屋側面 筆者攝，2007

圖 77　街屋，亭仔腳為 RC 造，上部為木造　筆者攝，2004

圖78　外觀採近代化形式的街屋　筆者攝，2004

圖 79　日人連棟式町家（街屋）「北門模範店鋪」　《彰化街案內》，1931

圖 80　日本殖民地期台灣漢人街屋　《彰化街案內》，1931

棉布批發商中，以店面設在東門附近、面向今中山路的「顏仁成」等尤為有力。彰化在歷史商業城市的傳統中一度沒落，到一九二〇年代起再度繁榮起來，此時市區改正也開始展開，店鋪住宅建築之盛行可想而知。

另一方面，彰化的日本人雖然只占總人口六%左右，居住在此的日本人還是超過一千人，其中當然也包含了從事貿易、商業等相關事業的人士。車站前有「彰化ホテル」（彰化 HOTEL）、「昭和旅館」、「中部ホテル」（中部 HOTEL）等由日本人經營的大飯店及旅館，而總店設在日本愛知縣，在朝鮮、關東州、南中國等地均有勢力的棉布批發商「富永商店」也在彰化設置據點。一般說來，這些店鋪只有亭仔腳部分是以紅磚或鋼筋混凝土建造，其餘仍是木造。

在今和平路東側，由數十名人士（大半為日本人）共同出資成立的「有限責任彰化信用利用組合」（一九一三年設立），建造了連棟式兩層店鋪住宅，被稱為「北門模範店鋪」。這棟房子除了亭仔腳以外，其餘部分都是木造鋪屋瓦的「內地造の建築物」（內地形式的建築物）。這裡面有日本人經營的雜貨店、書籍文具店、綿布卸店（棉布批發店）、吳服店（和服店）、時計店（鐘錶店）等。[27]

相同的組織中，也有以台灣人為主的，也有出資者多達三百名或九百名前後

27 見《彰化街案內》，一九三一年；《彰化商工案內》，一九三六年。

的。雖然細節不明，不過可以想像，日治時期的店鋪住宅，除了由有勢力的商人、資本家或地主建造外，應該也有些是由這類組合（合作社、工會、公會等的組織）所建造。清代的店鋪住宅幾乎都是木造平房，也逐漸轉變為磚造或鋼筋混凝土建的二至三層樓建築。

此外，日治時期結束後，一般人對店鋪住宅的固定印象，開始轉為鋼筋混凝土結構、砌磚為牆的三至四層樓建築（圖81）。像這樣，在資源有限的土地上增加可利用的樓板面積，也就是在逐漸走向高度利用的過程中，一樓前側的店鋪、院落式、亭仔腳等特質幾乎原樣傳承下來。也就是說，形態相同，只是樓層變高而已。

還有一處特別受筆者注意：建築物作為不動產，持有的形態也是一貫不變。也就是說，從一樓到頂樓，基本上都屬於同一所有權人。在城市的土地利用上，相對於每一棟樓都切成一層層，分屬不同人所有，也就是所謂「平面式」，這些是所謂的「垂直式」。我們可以將台灣店鋪住宅的不動產形態，定型為「垂直於道路，且垂直於土地」。

像這樣的店鋪住宅到底該如何稱呼？這種建築類型能追溯到多久以前，我們仍不得而知，不過最遲到宋朝，該類型在中國南方城鎮中的住商混合地區已相當普遍，在歷史上，相關詞彙有「市屋」、「店屋」等。雖然很難實際求證，不過可以想見，東南亞殖民地的華人街也有這樣的華南店鋪住宅，殖民地政府的都市計畫認為這是城市型店鋪住宅的範例，便將之廣泛地輸出到東南亞、東亞各地。「店屋」的英譯「shophouse」，便是在這個過程中誕生的吧？這是一個根據建築機能而來的語彙，指以商用為目的的住家。

另一方面，「市屋」是「市」（從事買賣）的住家，這也反映了市屋的立地（所在地點、位置）。在日治時期結束後的台灣，「街屋」一詞受學術界廣泛使用，也是一樣的道理。「街」指街道，或用來表示具城市性質的場所，日語的「町家」也是這個意思。

其實還有一種名叫「透天厝」的建築，指約四層樓高的店鋪住宅。日治時期結束後直到現代，透天厝成為城市中土地建築物開發最普遍的固定形態圖81。該語彙原本似乎是建商所使用的，後來廣為流傳。字面乍見之下有點奇妙，「厝」指住宅，「透天」指從地上透（通）到天的持有形態。近年來在台灣，大都市中心的商業大樓、高層住宅等已大多轉變為層狀的不動產形態。人們恐怕

圖 81　**彰化市內透天厝**　四層樓前後的透天厝是現代街屋。筆者攝，2007

是在日治時期結束後「平面式」登場的同時，用「透天」來指涉根深柢固的垂直不動產形態的吧！順帶一提，在農村，人們也常拆掉傳統農家，改建為三至四層樓高的透天厝，增加樓地板面積，以便讓子孫繼承。

建築史研究者應該比較喜好「市屋」或「店屋」這兩個名詞，因為這兩者是歷史文獻中出現的用語。但是筆者卻受不動產業者的「透天」一語吸引，因為這個用語不受機能及立地限制，尤其與機能無關，這點更加重要。現實情況中，即使這些透天的面寬、進深都大同小異，卻能適用於各式各樣的用途，所有形態的商店及餐飲店自不消說，當作醫院、幼稚園、郵局、派出所、汽車修理工廠也都可以，有時還用作釣蝦場呢！純粹只當住家使用的也不少。

在現今的台灣，建築物就如同容器，跟室內裝修的供給系統是完全分離的。建築設計者只需提供裸露出混凝土的軀體，也就是建築整體中的基礎結構，以及基本的配管配線就好，接下來就是室內裝修的範疇了。透天厝之所以能適應多樣用途，也是因為現實中有這樣的建築生產體制吧！三間連棟的透天中，最左邊是貼滿美國卡通人物壁紙的美語幼稚園，隔壁是掛著橘、紅、綠水平線條招牌的便利商店，最後一間則是沒有任何內裝、被機油弄得烏漆抹黑的汽車修理工廠……在現實中，類似上述的案例隨處可見。

此外，對於構成台灣社會經濟的家族小企業來說，透天厝也是空間單位。透天這個「盒子」，任誰都能掌握其尺寸，可以用來做任何事，與社會結構也很相合，並具有根深柢固的持續力。

我們在台灣的城市中，還發現在「透天」裡「開店」的寺廟呢！本來，寺廟建築的結構應該是依前殿、正殿、後殿的順序，往建築物深處延伸，有些卻是以一樓、二樓、三樓的順序垂直向上延伸。連寺廟都能在新的城市空間中發揮出強烈的適應力（adaptability）！「地誌性常數／相位性常數」的區別，可說是持續的類型學，其與建築類別（寺廟、店鋪住宅……）的對應模式，不可能是固定的。

第十五章
城市生生不息

在彰化縣內某鎮，我遇到非常有趣的事（筆者戲稱為四片牆壁事件）。日治時期市區計畫訂定的道路，其實到一九九〇年代才建設完成。當地從以前就十分盛行面寬約五公尺、進深約五十公尺的住宅地分割方式，這很適合開設店鋪住宅。在互相緊貼、毫無空隙的店鋪住宅中，有一條寬約兩公尺的巷道沿住宅地進深的方向延伸，後來被拓寬為八公尺。巷道原本緊鄰B氏的宅地，一旦拓寬了，B氏的土地會變成什麼樣子，讀者應該不難想像吧。巷道拓寬後，剩下的是一條極度細長的土地，寬幅僅六十公分，進深卻有五十公尺。

但B氏可沒有因此放棄這塊土地，為了在與隔壁A氏的土地之間重新畫出一條盡可能對自己有利的土地邊界線，他展開小小的奮鬥，只不過後來敗下陣來，六十公分反而變成三十公分（圖82-84）。即使如此，想想這塊長約五十公尺的

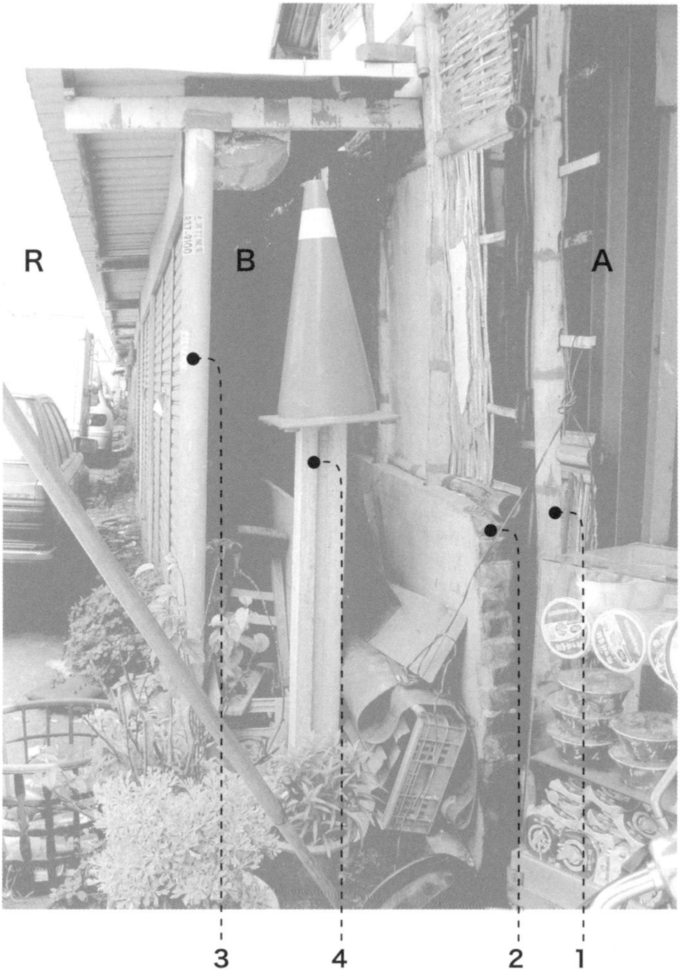

圖 82　**土地引發的紛爭**　R 二拓寬後的計畫道路。筆者攝於彰化縣某鎮

（1）原本Ａ、Ｂ兩氏的住宅地皆面寬約五公尺，進深約五十公尺。

（2）Ａ、Ｂ兩氏街屋的兩片牆壁（枅仔壁）緊鄰（＝1、2）。

（3）Ｂ氏左側原本有一條寬約兩公尺的巷道沿建地進深方向延伸，後被拓寬為八公尺的都市計畫道路（＝Ｒ）。

（4）因建設道路Ｒ，Ｂ氏喪失大半所有地，面寬僅餘約六十公分。

（5）Ｂ氏的街屋遭拆除，使Ａ氏有可能在自己街屋的側面作開口（門面），但如此一來，Ｂ氏在實際上便不可能再興建任何建物。為了防範這一點，Ｂ氏便裝設了附有屋簷的鐵捲門（＝3）。

（6）接下來Ｂ氏提起訴訟，主張Ａ氏實際地界應該更靠右。裁定結果與Ｂ氏主張相反，面寬反而只剩三十公分。

（7）Ａ氏在法院裁定的新地界線上（＝4）豎起水泥板牆。水泥柱上還特地套了一個紅色三角錐「做記號」。

（8）最後，四片五十公尺長的牆壁並列在寬僅六十公分左右的土地上。

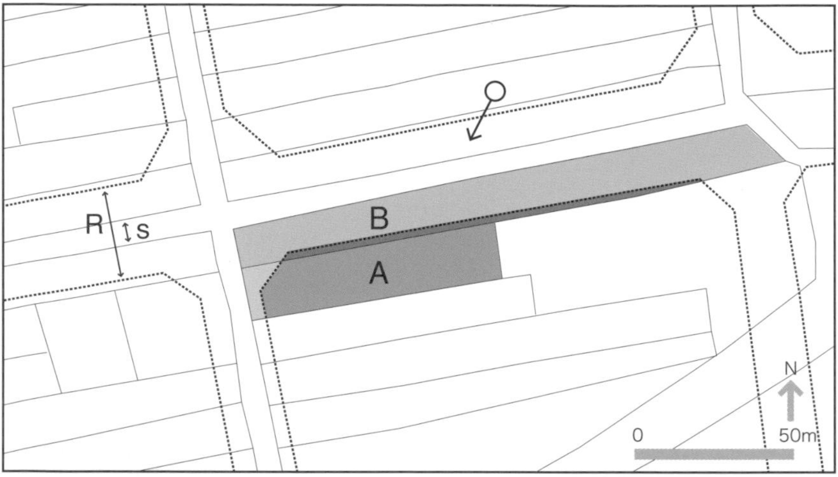

圖 83　**前圖情況的平面示意圖**　S＝日治時期前的街道寬幅　R＝拓寬後的計畫道路寬幅（1990年代實施）

圖 84　**照片由道路北邊的高處（圖 83 的「O」）向西南方位「→」的下方拍攝**　粉紅色透天厝與道路之間的幾個屋頂為 A 氏的商店兼住家，有屋簷的黃色鐵捲門即 B 氏為了防止 A 氏面向道路開口而設的「牆壁」。筆者攝，2012

土地可是緊鄰著八公尺寬的大道！B氏改弦更張、另謀出路只是時間問題。他只需轉個九十度，就能把五十公尺的這一側當成面寬（門面）。如果把這五十公尺分割為各五公尺的小塊，便可分成十「間」。雖然進深只有淺淺三十公分，但只要往道路上推出去一點，豈不是就可以開設類似攤販的小吃店？無論如何，只要不放棄這塊土地，遲早有一天可以透過這樣的「開發」賺取租金收入。

無論如何，B氏腦中對於尺寸大小的判斷還是有些踰越常理，不過就沿街土地利用的形態來看，他所描繪的土地開發圖像不但合乎常理，而且還很正統。就算沒有必要刻意以「透天」稱之，卻也找不到任何理由，說他的理論跟開發透天的建商的理論有何差異。

即使如此，在這場奮戰中，B氏到底是在跟誰搏鬥呢？表面上看起來是A氏，其實應該是都市計畫當局吧！只不過這鬥爭的形態，未免也太忠實呈現正統的模式，令人發毛。即使在這裡，我們也會說，這只不過是城市本身在實行組成的程式罷了。B氏藉著堅忍不拔的奮鬥，在腦海中描繪出的，不正是這過去從來不曾在他腦海中浮現的「城市」本身嗎？而城市今後也將再度自我組織、生生不息。

菓子パン

圖 85　美軍轟炸時的照片（1945 年 4 月 18 日攝影）彰化孔廟周邊　左手邊可看到八卦山及位於其山腹的彰化公園。打鹿文史工作室甘記豪先生提供

圖86　美軍轟炸時的照片（攝影年月日不明）彰化車站及戰前的市街。　彰化車站及終戰前的市街。打鹿文史工作室甘記豪先生提供

金子常光所描繪的彰化鳥瞰圖是最早在一九〇六年公告的市區改正全部完成時的姿態。但實際上，大多在未完成的狀態下日治時代便迎向終結。美軍轟炸機上的鏡頭拍下了那個時代的最後身影……

語彙集

幫助及加深本書理解的語彙解說

1 台灣漢人

要想理解台灣社會，必須先認識「族群」（由一群自認擁有共同語言、文化等的人所組成的集團；ethnic group）這個概念。近年，在台灣只要提到族群，大多指以下四種（%為所占人口百分比）：

①本省人（福佬人）＝約七〇%

②客家人＝約十五%

③外省人＝約十三%

④原住民＝約二%

①為福建移民的子孫，所用的語言台語（河洛話）是從福建南部閩江以南一帶的方言發展而來。②為廣東、福建山區移民的子孫，母語為客家話。③是第

二次世界大戰後隨國民黨政權移居台灣的人，出身地極為多樣（以福建、廣東、浙江、江蘇、四川、山東等地居多）。另一方面，十七世紀起到十九世紀間，①、②從中國斷斷續續移民來台，在那之前已經住在台灣的先住民族則為④。他們屬於南島語（Austronesian languages）族，該族以東南亞為中心廣泛分布，而眾所周知，台灣為該語族起源地之一的看法極為有力。另外，一九九〇年代以來，從外國移民到台灣定居的人數與日俱增，主因是台灣人與越南、印尼、泰國、菲律賓、中國等外國人士（大多為女性）聯姻。跨國聯姻形成新移民一事，衍生出一個新的名詞——「新住民」，用來區別於最早定居的「原住民」。

本書未曾說明「台灣漢人」，此一語彙卻一再出現。基本上，這是①本省人與②客家人的總稱，這點還請大家理解。原本在現實中，兩者就經常很難清楚區分。

況且，現今不論是本省人還是客家人，都可說是與台灣原住民中的平埔族（原本住在平地的部族）混血的子孫。平埔族在同化（漢化）的過程中，漸漸失去獨有的文化與自我認同。說得再明確些，福建省或廣東省的漢人，也是從遙遠的古老時代經過類似的漢化過程，才演變成歷史上的「漢人」的吧！台語的原型閩南語系，也可說是由非漢語方言漢化後而成。

像這樣，所謂漢民族的形成，可看作使遷移目的地的原住民漢化，同時納入原住民文化，再擴張自身的過程，在此一過程中，逐漸形成一以貫之、不易改變的文化規範，但原住民文化的主體性也因此而消失了。我們應該理解，民族是不斷變動的（dynamic）。

參考資料：《民族の世界史 5 漢民族と中国社会》（山川出版社，一九八三）等。

2 縣城

本書探討的對象彰化，是指彰化縣的中心城市，稱為彰化縣城。「縣」指以行政區域來看的固定領域，「城」指圍繞城市的城牆（城郭）或被城牆包圍的城市本身。

經過荷蘭（一六二四～一六六一年）及鄭氏的統治（一六六一～一六八三年）後，台灣成為貿易據點以及開拓的新疆界（frontier），地位提升，清朝政府才總算開始關注。

一六八四年起，中國首次在長年視為「化外之地」的台灣設置行政機關。當時的行政機構是隸屬於福建省的一府三縣制，在台灣府之下設置了台灣縣（台南）、鳳山縣、諸羅縣。成為當時台灣中心城市的府城，即是曾被荷蘭、鄭氏當成據點的台南。

只不過，清朝並未積極統治台灣，對台政策也大多以取締移民為主。當時對岸的中國東南沿海地區（福建、廣東）能夠耕種、居住地的平原面積狹小，人口經常過剩，再加上台灣只偏重南部，脆弱的政府對取締移民也不徹底。隨著漢人人口增加及北移，於是有了強化統治機關的必要。一七二三年就是這個轉捩點，這一年新設彰化縣，位處要衝，並以中部最大港灣貿易城市鹿港為外港。

下一轉捩點是十九世紀後半。這個時期，歐美列強及日本往來台灣的行動日漸明顯，清朝對台灣的統治轉趨積極切實，也改弦易轍，開始獎勵移民。行政機構也在一八七五年擴充為二府七縣，一八八七年更擴充到三府十二縣，十分迅速。尤其在一八八七年的改革中，台灣升格為省，中心城市由台南移到台中，又從台中北移到台北。設置行政機關及區域不再只偏重南部，而是以綜觀台灣全土的角度編制（其實「台南」、「台中」的地名本身就去除了中心性，而顯示了該城市在某一地方的地理位置）。這種背景也促使經濟中心漸漸往北移動。但在那之後不到十年，台灣被「割讓」給日本，成為日本第一個海外殖民地。當然，日本對台統治也是先從承襲清末地方制度出發，爾後再加以修正及改革。

在日治時期的市區改正中，城牆及城門變成市街擴張及交通上的障礙，大部分遭到拆除。只不過，在恆春、左營（舊鳳山城）等地，仍可看到保存城牆及城門的例子。在彰化的案例中，能透過舊照片確認的也僅有東門（樂耕門），城牆今已完全不存。

參考資料：《台湾～四百年の歴史と展望》（伊藤潔，中公新書，一九九三）。

3 日治時期地方制度

日治時期的地方制度有重大改變，彰化在地方行政上的定位，隨當時情況而轉變。本書所探討的「彰化」，是指以舊彰化縣城區域為中心。該區域地方行政定位的變遷整理如下：

（一）台灣民政支部・彰化出張所時期：一八九五年九月～

（二）台中縣・彰化支廳時期：一八九六年四月～，但一八九七年五月～一九〇九年十月間屬台中縣・彰化辨務署。

（三）台中州・彰化郡・彰化街時期：一九二〇年七月～

（四）台中州・彰化市時期：一九三三年十月～一九四五年

雖然於各時期當中，地方制度也有各種變化，此處還是將彰化中心部分的名稱大致整理如上。

例如調查土地、調查製作寺廟台帳、建設初期道路及上下水道，還有公告一九〇六年市區改正計畫，都是在（二）時期施行的。在該時期稍顯停滯的彰化物資集散、商業機能，到（三）時期趨向再生、興盛，市街建設亦漸趨活絡。此一復甦的狀況，在本書不時引用的《彰化街案內》中有所介紹。進入一九三〇年代，市區改正事業及住宅地開發急速推進。在這樣的發展過程中，彰化與周邊市街合併，施行市制，進入（四）時期，金子常光的鳥瞰圖就是緊接在那之後印行的。寺廟整理運動也發生於（四）時期。

參考資料：《台灣地名辭書》卷十一 彰化縣（上）（國史館台灣文獻館，二〇〇四）。

4 寺廟

走在台灣各地，經常可以看到「天后宮」、「關帝廟」、「福德祠」等民間信仰設施。台灣的民間信仰沒有教祖、教理、教團、教典及儀禮組織等體系，雖然尚可用道教、儒家、佛教等明確加以區分，不過，祭神的名稱及屬性等只是從這些宗教借用而來，經過混雜之後，在福建系統、客家系統地域性豐富的世界觀中重新組成。這些大致都帶有民間巫術（shamanism）的性質，通過各尊祭神性質所屬的預兆、禁忌、咒術、占卜等，規範及誘導人們的行為，反過來人們也會向這些宗教尋求慰藉。像這樣的民間信仰設施，統稱為「寺廟」。實際上，經常用來做為寺廟名稱的有宮、祠、廟、觀、寺、壇等。

漢人移民從福建、廣東等地區來到台灣始於十七世紀，初期的開拓移民會奉請他們在中國敬拜的神靈依附在寺廟的香灰、香爐上，帶到台灣，並在定居過程中，一邊進行合祀，一邊形成地緣集團。爾後，逐漸興建安奉神像的祠，再以之為寺廟，逐步發展。

除此以外，寺廟之所以能建立、吸引信徒，還出於許多種理由。在縣城等級的城市，直徑不過數百公尺的城牆內，就擠滿了數十座寺廟。這些寺廟，包括占地廣闊、建築壯麗的官立廟，例如孔廟，也有如有應公廟般因庶民畏懼孤魂野鬼（無名屍骨）而加以祭祀的小祠。由信仰的範圍及財政基礎的觀點看，規模從全國遶境、僅屬某地方信仰、由近鄰社區維持，甚至到全無經濟支持的寺廟都有，各式各樣。

現今，人口二千三百萬的台灣就擁有五千多座廟宇。只要到各城市的主要寺廟走一回，就可看到香客不分男女老幼絡繹不絕地前來參拜，手捧線香祈求神明保佑的情景。

參考資料：《台湾漢人社会における民間信仰の研究》（古家信平，東京堂出版，一九九九）等。

5 廟埕

在被人造物密密填滿的市街地中，寺廟騰出了一片敞開的寶貴空隙。大多數寺廟至今仍是平房，並且也有不少擁有廟前廣場，這廟前廣場稱為「廟埕」。大多數廟埕隨寺廟門面幅寬往前延長，在市街地中，因為被兩側街屋包夾，多形成工整的長方形。鋪有紅磚，種植寥寥幾株樹木（榕樹居多），有時還會有大樹形成的寬闊樹蔭，周圍居民可隨意進入，相當於某種社區公園，也有不少兼具社區集會場所功能，不但是孩子們的遊戲場所，也常有老年人在樹蔭下下棋。不少老人家一整天都在廟埕裡度過。

在《中国人の街づくり》（中國人的造街）中，對當時（應為一九七〇年代後半）台灣城市的廟埕，有如下描述：

廟前の広場には、軽い食事や飲み物を売る屋台の出ているのが普通である。これらの店が半固定的に広場を占拠してしまった場合も多い。……廟広場には常設市場の隣接していることが多い。これは広場を利用した商業活動が次第に拡大・固定していったためと思われる。台南市安平の城隍廟は、安平港に面しているため、広場が朝の魚市場として利用されている。広場の向い側には戲台（舞台）が置かれていて、祭日には芝居や人形劇が上演される。観客は家から椅子をもち運んできたり、立ったままで見物する者もいる……

廟前廣場上，一般都有販賣小吃、飲料的攤販。這些攤販也有許多是半固定占據廣場的……廟前廣場多與常設市場鄰接，據推測，這是由於利用廣場進行的商業活動逐漸擴大、固定下來所致。台南市安平城隍廟廣場由於面向安平港，在早上被用作魚市場。廣場對面設置戲台，假日上演戲劇或布袋戲。有些觀眾從自家搬椅子來，也有不少人站著觀賞……

各式各樣的社會活動就像這樣集中在廟埕。雖然這樣的光景至今仍在，但整體來看，商業活動還是逐漸自廟埕中消失。也有些案例是因修復古蹟、設置公園等，而把長期占據廟埕的攤販擠走。

正如該書所指，由於二十世紀前半日治時期的城市改造（市區改正），廟埕消失或被切成兩半的例子不在少數。本書所介紹的彰化市慶安宮就是其中一例。只要在全台尋找，同樣案例應當不勝枚舉。在往昔傳統台灣城市中，許多大小寺廟緊貼狹窄街路而立，假設有個市區改造的案例是以重新將棋盤狀街道網覆蓋上為前提，那麼，想要避開所有寺廟，幾乎是不可能的。不論有沒有注意到上述的社會機能，廟埕在物理上都算是空地，所以可以想見，從官僚作業的角度出發，應該有很多案例會乾脆就把道路線畫到廟埕上吧。話說回來，廟埕因城市開發而消失的例子，不止是戰後，即使到今日也多少發生過好幾次！

參考資料：《中国人の街づくり》（郭中端、堀込憲二，相模書房，一九八〇年）等。

6 地籍圖（公圖）

在本書中，研究如何復原都市形態及其重新組成的過程時，主要是依據地籍圖。一般來說，舊土地台帳法所定的土地台帳附屬地圖稱為「公圖」，也就是說，公圖與土地台帳是成套的，是基於持有區分，用來判斷土地的所在、地目及鄰接關係等的地圖。本文中已敍述過此地籍圖或公圖的特質，與這些地圖在都市史研究上的易用性，在此稍稍說明製作地籍圖的背景：土地調查的意義。

在總督兒玉源太郎及民政長官後藤新平的時代，台灣總督府採取的大方向，是要恆久確立殖民統治體制，為此，總督府展開諸項調查事業，主軸之一便是土地問題。一八九八年，臨時台灣土地調查局成立，之後到一九〇四年止，施行第一期地租改正事業。附帶一提，本書附錄所本的《台灣堡圖》也是此時土地調查的成果之一。

矢內原忠雄所著之《帝国主義下の台湾》（岩波書店），是很早（一九二九）就基於田野調查與統計數據，實證且理論性地檢討日本帝國主義及其殖民政策的名著。該書並對台灣土地調查的意義，作了如下描述：

①釐清地理地形，由此達成治安上的功用。

②讓隱田公開在陽光下，由此增收稅金。

③使土地權利關係明確，由此可作為交易擔保，達成經濟上的效果。

藉著掌握所有土地，並以新制度釐清其中持有關係，殖民地政府財政基礎得以確立，同時，任何開發行為也都將成為可能。後者，是為讓「內地資本」前進台灣而進行的土地梳理。

不論是建設公共建築物、道路，或是來自民間企業的開發，都要先明確規範出土地的所有權範圍及所有人，至於所有權曖昧的部分則予以明確化（創出）[28]，還要依「一地一主」原則使其私有化，用地取得手續（不論徵收或獻納）才有可能實行。關於土地調查，矢內原表示「以我國資本征服台灣，是讓台灣邁向資本主義的必要前提，也是基礎工程」。當然，本書的主題——市區改正，以及因市區改正而啟動的（以整個大局看是自動啟動的）都市空間重新組織的過程，正是因為身處於土地調查與地租改正所開展的系統之中，才得以更流暢地進行。

參考資料：《台湾地租改正の研究》（江丙坤，東京大學出版會，一九七四年）等。

28 像森林、山地那種無所有人或提不出所有證明的土地，多半於這個階段被殖民政府接收。

7 神社境內

為日本神社神道祭祀神祇的設施。日本古時原本是將自然界的山、瀑布、岩石、森林、巨木等視為神祇，之後才受到中國祭政制度或佛教等影響，在祭儀或設施上產生重大變化，因此有了神社。明治政府仿照古代制度，採神社為國家正式祭祀的政策，該政策一直維持到一九四五年第二次世界大戰結束後，才在GHQ（駐日盟軍總司令部）指示下廢除。這段期間，日本以神社為教化國民的主軸，江戶時代末期全國各地約有十九萬間神社，當時經過統廢合（統一、廢除、合併）後縮減為十一萬間，並分出階級，其中約兩百間被指定為「官社」，其他的則為「諸社」（府縣社、鄉社、村社、無格社）。官社享有國家級待遇，其餘諸社的營運則有賴轄下居民（信徒）的捐款，或地方廳的補助。神社也被日本政府帶到殖民地或日本人移居地等海外各地，日本在台灣、樺太（庫頁島）、朝鮮等統治區域，也創設了與日本國內相同的神社制度。

日本在台灣創立了六十八間神社，在一九四五年二戰結束時，以官社五間（官幣大社台灣神社、官幣中社台南神社、國幣小社新竹神社、國幣小社台中神社、國幣小社嘉義神社）為首，之下還有府縣社十間、鄉社廿一間、無格社卅二間鎮座。彰化神社是鄉社，信仰區域為台中州彰化市，跟守護台灣全境的台灣神社（台北）一樣，都供奉開拓三神及北白川宮能久親王，其中的能久親王因為在平定台灣的殖民地戰爭中曾在八卦山紮營，與彰化神社淵源尤深。

所謂神社「境內」是指神社所占有的區域，其土地稱為「境內地」。境內除「本殿」、「拜殿」等擔任神社祭祀中樞的社殿群、廣場，以及「社務所」（辦公室）等附屬設施外，還有將人們由外部引導至境內中樞的「參道」，以及將上述設施整個包裹起來的蒼鬱「境內林」等。彰化神社境內位於八卦山斜坡上，最下方鄰接彰化公園。「鳥居」面對公園矗立，成為通往神社境內的大門。參道是近乎筆直的石階，往斜坡上方而去。一般境內林都是人工造林，才能四季常綠。雖然無法確定彰化神社境內林的情況，但台灣神社的境內林是伐除原有的雜木林、竹叢，重新種植常綠樹而來。也就是說，神社的境內林是以人工創造、維持的「模擬的自然」。再者，台灣神社是在劍潭山麓（境內地）建造有「神苑」之稱的公園，其中有池塘、廣場、涼亭、步道等。當然了，在彰化，彰化公園實際上也形同彰化神社的「神苑」。

參考文獻

按照主題分類，各分類中依據發表年代排序

彰化

- 中島新一郎《彰化街案內》（彰化街指南；台湾案內社，一九三二年）
- 《彰化市商工案内》（彰化市商工指南；彰化市役所，一九三七年）
- 《彰化縣志稿》全八冊（彰化縣文獻委員會，一九五九～一九七八年）
- 《彰化縣志》全六冊（彰化縣政府，一九七八～一九九四年）
- 《彰化市志》（彰化市公所，一九九七年）
- 國史館台灣文獻．台灣師範大學地理系《台灣地名辭書 卷十一 彰化縣》（國史館台灣文獻館，二〇〇四年）
- 《彰化縣口述歷史》（彰化縣立文化中心，一九九五年）
- 李奕興《古來的天地～彰化縣古蹟導覽手册》（彰化縣立中心，一九九五年）
- 陳宗仁《彰化開發史》（彰化縣立文化中心，一九九七年）

・賴志彰《彰化縣市街的歷史變遷》（彰化縣立文化中心，一九九八年）
・阮旭初《彰化市舊城區域保存規劃之研究》（成功大學碩士論文，二〇〇一年）
・《國定古蹟元清觀〇四〇九火災清理保存工作》（彰化縣文化局，二〇〇七年）
・《彰化縣國定古蹟元清觀正殿修復工程工作報告書》（彰化縣文化局，二〇一一年）

台灣一般

・《台灣堡圖》（台灣總督府臨時台灣土地調查局）
・《台灣交通要覽》（一九〇一年）
・《日本地理大系 第十一巻 台灣篇》（改造社，一九三〇年）
・《日本風俗地理大系 第十五巻 台灣》（新光社，一九三一年）
・台灣總督府 編《台灣語大辭典》（一九三一年／復刻版，国書刊行会，一九九三）
・《台灣紹介最新寫真集》（介紹台灣最新照片集；台北市勝山写真館，一九三一年）
・《台灣鐵道旅行案内》（台灣鐵路旅遊指南；台灣總督府交通局鐵道部，一九三七年）
・謝森展 編《台灣回想》（創意力文化事業有限公司，一九九〇年）

・松本曉美・謝森展 編《台灣懷舊》（創意力文化事業有限公司，一九九〇年）
・莊永明《台灣鳥瞰圖～一九三〇年代台灣地誌繪集》（遠流出版公司，一九九六年）
・林皎宏《攻台圖錄～台灣史上最大一場戰爭》（遠流出版公司，一九九六年）
・矢內原忠雄《帝国主義下の台湾》（帝國主義下的台灣；岩波書店，一九二九年）
・江丙坤《台湾地租改正の研究》（台灣地租改正的研究；東京大學出版会，一九七四年）
・史明《台湾人四百年史～秘められた植民地解放の一断面》（台灣人四百年史～不為人知的殖民地解放的一個剖面；增補改訂版，新泉社，一九七四年）
・《民族の世界史　五　漢民族と中国社会》（民族的世界史 五 漢民族與中國社會；山川出版社，一九八三年）
・伊藤潔《台湾～四百年の歴史と展望》（台灣～四百年的歷史與展望；中央公論社，一九九三年）
・台湾市研究部会《台湾の近代と日本》（台灣的近代與日本；中京大学社会科学研究所，二〇〇二年）
・檜山幸夫編《台湾総督府文書の史料学的研究～日本近代公文書学研究序説》（台灣總督府文書的史料研究～日本近代公文書研究序說；ゆまに書房，二〇〇三年）

・林玉茹・李毓中（森田明監訳）《台湾史研究入門》（台灣史研究入門；汲古書院，二〇〇四年）
・中京大学社会科学研究所《台湾史料叢書Ⅰ日本領有初期の台湾～台湾総督府文書が語る原像》（台灣史料叢書Ⅰ日本領有初期的台灣～台灣總督府文書所敍述的原象；創泉堂出版、二〇〇六年）
・周婉窈（濱島敦俊・石川豪・中西美貴訳）《図説 台湾の歴史》（圖說 台灣的歷史；平凡社，二〇〇七年）

台灣都市

・郭中端・堀込憲二《中国人の街づくり》（中國人的造街；相模書房，一九八〇年）
・黃羅財《台灣傳統長形連棟式店鋪住宅之研究》（東海大學建築研究所碩士論文，一九八三年）
・林會承《清末鹿港街鎮結構》（境與象出版社，一九九一年）
・黃俊銘《東南アジア及び日本における華人町の形成史に関する研究》（關於東南亞及日

本的華人町之形成史研究），東京大學博士學位論文，一九九一年
- 孫全文等《台灣傳統都市空間之研究》（國立成功大學建築研究所，一九九二年）
- 黃蘭翔《台湾都市の文化的多重性とその歴史的形成過程に関する研究》（台灣都市的文化多重性與其歷史性形成過程之研究；京都大學博士學位論文，一九九三年）
- 斯波義信《中国都市史》（中國都市史；東京大學出版會，二〇〇一年）
- 《アジア遊学》特集〈アジアの都市住宅〉（亞洲遊學特集〈亞洲的都市住宅〉；二〇〇五年十月）
- 王惠君·二村悟·後藤治《図説台湾都市物語》（圖說台灣都市物語；河出書房新社、二〇一〇年）

殖民都市

- 越沢明《植民地満洲の都市計画》（殖民地滿洲的都市計畫；アジア経済研究所，一九七八年）
- 黃世孟《日拠時期台湾都市計画範型之研究》（日據時期台灣都市計畫範型之研究；

一九八七年）
- 越沢明《満洲国の首都計画》（滿洲國的首都計畫；日本経済評論社、一九八八年）
- 北岡新一《後藤新平》（中央公論社，一九八八年）
- 越沢明《哈爾浜の都市計画》（哈爾濱的都市計畫；總和社，一九八九年）
- 《岩波講座 近代日本と植民地 第三巻 植民地化と産業化》（岩波講座 近代日本與殖民地第三卷 殖民地化與產業化；岩波書店，一九九三年）
- 五島寧《日本統治下「京城」の都市計画に関する歴史的研究》（有關日本統治下「京城」都市計畫之歷史性研究；東京工業大學博士學位論文，一九九六年）
- 黃武達《日治時代台湾近代都市計画之研究》（日治時代台灣近代都市計畫之研究；台灣都市史研究室，一九九六年）
- 黃武達《日治時代台灣都市計畫歷程基本資料之調查與研究》（台灣都市史研究室，一九九七年）
- 竹内啓一編《都市・空間・権力》（都市、空間、權力；大明堂，二〇〇一年）
- 陳正哲《植民地都市景観の形成と日本生活文化の定着～日本植民地時代の台湾土地建物株式会社の住宅生産と都市経営》（殖民地都市景觀的形成與日本生活文化的扎根～日

本殖民時代的台灣土地建物株式會社的住宅生產與都市經營；東京大學博士學位論文，二〇〇三年）

- 橋谷弘《帝国日本と植民都市》（帝國日本與殖民都市；吉川弘文館，二〇〇四年）
- 布野修司《近代世界システムと植民都市》（近代世界系統與殖民都市；京都大学学術出版会，二〇〇五年）
- 布野修司．韓三建．朴重信．趙聖民《韓国近代都市景観の形成—日本人移住漁村と鉄道町》（韓國近代都市景觀的形成——日本人移住漁村與鐵道町；京都大学出版会，二〇一〇年）

台灣寺廟及宗教政策．殖民地神社

- 增田福太郎《台灣本島人の宗教》（台灣本島人的宗教；明治聖徳記念学会，一九三五年）
- 曾景來《台灣宗教と迷信陋習》（台灣宗教與迷信陋習；台湾宗教研究会，一九三八年）
- 宮本延人《日本統治時代台湾における寺廟整理問題》（日本統治時代的寺廟整理問題；天理教道友社，一九八九年）

- 蔡錦堂《日本帝国主義下台湾の宗教政策》（日本帝國主義下台灣的宗教政策；同成社，一九九四年）
- 古家信平《台湾漢人社会における民間信仰の研究》（台灣漢人社會民間信仰的研究；東京堂出版，一九九九年）
- 菅浩二《日本統治下の海外神社～朝鮮神宮‧台湾神社と祭神》（日本統治下的海外神社～朝鮮神宮、台灣神社與祭神；弘文堂，二〇〇四年）

其他

- 初田亨《都市の明治～路上からの建築史》（都市的明治～從路上來的建築史；筑摩書房，一九八一年）
- 藤森照信《明治の東京計画》（明治的東京計畫；岩波書店，一九八二年）
- 石田頼房《日本近代都市計画史研究》（日本近代都市計畫史研究；柏書房，一九八七年）
- 越沢明《東京の都市計画》（東京的都市計畫；岩波書店、一九九一年）
- 渡辺俊一《「都市計画」の誕生～国際比較からみた日本近代都市計画》（「都市計畫」

的誕生~由國際比較來看日本近代都市計畫;柏書房,一九九三年)
• 崔吉城《日本植民地と文化変容》(御茶の水書房,一九九四年)
• 駒込武《植民地帝国日本の文化統合》(岩波書店,一九九六年)
• 佐藤甚次郎《公図》(公圖;古今書院,一九九六年)
• 鈴木博之《都市へ》(朝著都市;日本の近代一〇,中央公論新社,一九九九年)
• 別冊太陽《吉田初三郎のパノラマ地図~大正・昭和の鳥瞰図絵師》(吉田初三郎的全景地圖~大正、昭和的鳥瞰圖繪師;平凡社,二〇〇二年)
• 成田龍一《近代都市空間の文化経験》(近代都市空間與文化經驗;岩波書店、二〇〇二年)
• 布野修司・アジア都市建築研究会《アジア都市建築史》(亞洲都市建築史;昭和堂,二〇〇三年)
• 石田頼房《日本近現代都市計画の展開一八六八~二〇〇三》(日本近代都市計畫的展開;自治体研究社,二〇〇四年)
• 黒田泰介《ルッカ一八三八年~古代ローマ円形闘技場遺構の再生》(盧卡一八三八年~古代羅馬圓形競技場遺構的再生;アセテート,二〇〇六年)

拙著

- 〈日本の植民都市計画と宗教政策～台湾・新竹における「寺廟整理」の都市史的考察〉（日本的殖民都市計畫與宗教政策～台灣、新竹「寺廟整理」的都市史考察；研討會「被殖民都市與建築」台灣中央研究院台灣史研究所，二〇〇〇年九月）
- 〈清末期彰化縣城の都市空間形態に関する復元的研究〉（有關清末期彰化縣城的都市形態復原研究；財團法人交流協会日台交流センター二〇〇三年度歴史研究者交流事業研究報告書，二〇〇四年六月，私家版）
- 〈台湾都市はどう変わったのか～日本植民地期における都市生活空間の再編あるいは生成〉（台灣都市是怎麼變化的～日本殖民地期都市空間的再編或生成；研討會「第二回被殖民都市與建築」台灣中央研究院台灣史研究所，二〇〇四年十一月）
- 〈堆積する無意識―日本植民地支配と都市の記憶〉（堆積的無意識——日本殖民地支配與都市的記憶；東アジア近代史學會大會研討會，二〇〇五年六月）
- 〈植民都市建設における先行都市の空間的・社会的・文化的再編過程に関する研究～日本植民地下の台湾・彰化地方を案例として〉（殖民都市關於先行都市的空間性、社會性、文化性再編過程的研究～以日本殖民地下的台灣彰化地方為案例；大林都市研究振興財團

平成十五年度助成研究報告書，二〇〇五年九月）
•《植民地神社と帝国日本》（殖民地神社與帝國日本吉川弘文館，二〇〇五年）

後記

本書是以拙著《彰化一九〇六年~市区改正が都市を動かす》（アセテート acetate，二〇〇六）為本，經過大幅增補及重新編著後中譯而成。坊間並沒有相同內容的日文版書籍。

一九九二年十二月，為了造訪半年後將成為自己的妻子（即本書譯者）的娘家，筆者來到台灣。雖然已屆年底，氣溫居然高達廿八度，從日本穿來的衣服，在機場幾乎要脱光才行。沒想到兩天後，寒流來襲，氣溫突然降到九度，當下就感冒了。對我來説，這是最初的台灣體驗。之後我每年最少會到台灣做兩、三次調查，一年之中有四、五十天待在台灣。對我這樣來往於兩國之間的研究者來說，雖然有各式各樣的研究主題，但台灣與日本之間（in between）的諸多問題總是不時浮上心頭，並且會相當有意識地去探索這類主題。

我的專門是建築史。建築學本身可分成結構、設備、生產、構法、法規、都市計畫、建築設計等，美其名為多方面、綜合性，但說穿了，就是雜多（繁雜多樣）的學問，因此建築史所牽涉的主題也真的是又雜又多。我年輕時沉浸在建築思潮史，在廣泛涉獵近代建築家的主張之後開始對都市史、住居史產生興趣。回頭想想，一開始的契機，說不定正是台灣這個地方賦予的呢。

剛開始訪台那陣子，我正在進行日本殖民地神社營造的相關研究。那時研究日本殖民城市的神社總被視為禁忌，不論是都市史還是建築史的研究也都無視於這個區塊的存在。歷史學方面，蔡錦堂老師就這個主題已經出版了《日本帝国主義下台湾の宗教政策》（日本帝國主義下台灣的宗教政策；同成社，一九九四），不但讓我們到他台北的住處打擾，還介紹了當時正在做碩士論文研究、由建築史觀點調查殖民地神社的黃士娟（當時中原大學碩士班，現台北藝術大學）。之後還跟士娟、妻子一起四處踏查神社，搜集資料。

我常常思索神社在殖民城市形成時的定位及角色等問題。無庸贅言，在西歐諸國的殖民城市中，「教會」被視作不可或缺的設施，面向城市的廣場而建，成為城市社會性、空間性的核心。若將這些轉換為日本殖民地城市來思考，便無法置神社於不顧了。明治維新以後，日本宗教體制被稱為「國家神道」（state shindo）。雖然並未在實際上形成牢固扎實的體制，但日本這個國家將神社定位成國民的「祭祀」，以有別於其他「宗教」，這也是不爭的事實。而這些正是筆者的博士論文《神社造営よりみた日本植民地の環境変容に関する研究》（由神社營造看日本殖民地環境變貌之相關研究；京都大学，二〇〇〇年）的研究主題。爾後，透過高木博志先生的介紹（他是文化史研究的知名學者，主要研究近代天皇制），《植民地神社と帝国日本》（殖民地神社與帝國日本；吉川弘文館，二〇〇五年）一書才得以付梓。當然，詳細內容還是希望大家能笑覽拙著，這個研究提出了日本型殖民城市空間、社會結構的模式，與歐美有別，應該可說是提供了殖民城市國際性比較研究的基礎。此外，我們往往理所當然地以為神社有其下的附屬林，但我做了在原本沒有神社的土地「被移植」的殖民地神社研究之後，才能聯想到，即使是日本國內神社的境內林，必然也是人工的「擬似的自然」，而不會有其他可能。其實蓊鬱常綠有如太古的天然森林才配得上神社的想法，是在一九二〇～三〇年代登場的，這個思想改造了帝國全域（當然也包含日本國內）的神社附屬林。這些事開始在當今歷史研究者之間受到矚目，包括宗教史、思想史、技術史、政治史等主題。一九二〇年在東京澀谷區創建的明治神宮（大鳥居的檜木產於台灣）即將在二〇二〇年迎向創立一百週年，而這座神社的廣大森林也是在原本空無一物的地方以人工種出。

但是，在博士論文逐漸成形的同時，筆者開始注意到，不論再怎麼於實證上釐清日本這個國家想導入的環境、城市空間、社會模式，這些模式不但無法重新組建現實的空間或社會，反而會發覺，有某些堅韌不拔的「東西」即使在殖民地的政策中也能巧妙地變化存活下去。研究的視野若是受到國家或意識形態所侷限，就隨時有可能被那個「東西」絆倒。也就是說，十九世紀以前所形成的台灣城市的特質、社會、所有制度、技術等，不會那麼簡單就消失無蹤，有時甚至還有可能因殖民地統治這個衝擊而活化，反過來左右殖民地政策呢。筆者開始意識到，在探討時如何架構這樣的側面，才是最具挑戰性的課題。

對於隨殖民政權結束而消失的神社，透過宗教政策的視野來看，散布在台灣城市中的眾多寺廟是如何經歷殖民統治的？這個問題於筆者也算是解決了。導引我的是前述蔡錦堂老師的書。台灣的城市充滿大量寺廟。由於一九三〇年代後半所謂的「寺廟整理」運動，（在該時間點）台灣全境約三分之一的寺廟消失了，所以這至少也算是都市的問題吧！因此，「寺廟整理」不單是「政策」的問題，在做研究時，應該看成是個別的城市空間與社會的「經驗」問題。

就這樣，從二〇〇一年左右起，我正式走訪台灣各地城市。首先在有豐富資料，而且規模不是太大的前提下，選擇新竹、嘉義、彰化等往昔縣城級的城市，先取得地籍圖與寺廟台帳，盡可能地走遍這三座城市裡的所有大小寺廟。入廟後先向神明雙手合十，接下來在桌上攤開地籍圖，速寫周邊的情況，抄下廟裡的沿革碑文等。就如原先所設想的，有許多寺廟都因為所謂市區改正事業的道路建設事業而失去了土地，或建築物被拆除，或不得不遷移。當然，在這之前也有些寺廟已經消失。二戰期間的寺廟整理運動，將原本已經消失或早成廢墟的寺廟當作「整理」實績來充數的，並不在少數。反過來說，即使沒被歸入寺廟整理運動，大部分寺廟還是受到市區改正事業影響。就這樣，原本關注於寺廟的研究，沒多久便轉為關注城市全體的「改造」。我以顯微鏡那樣微觀的角度仔細展開調查，研究十九世紀末為止形成的城市全體在二十世紀究竟是如何被切割的過程。

結果我走遍了新竹、嘉義、彰化等舊縣城範圍內的所有街道。後來不論走在城市哪個角落，只要觀看周遭環境，大概就能判讀原來的城市究竟是什麼樣貌、在日治時期的都市改造中如何被改造，又留下怎樣的痕跡，接下來甚至開始在意改造後的情況。市區改正，極端來說就是破壞既存的街區，雖然開設了道路，但家屋就這麼以毀壞的狀態丟給屋主自己去修復。原本是荒地或池塘的地方只要開了道路，地主就開始開發為宅地。這些都可看出都市本身的自我修復以及自我重新組織。

最終的研究對象限縮在彰化。嘉義因為有一九〇四與一九〇六年的地震破壞，想觀察因都市改正而來的破壞與再生有些難度。新竹因為筆者所敬愛的學長黃蘭翔先生（當時中央研究院台灣史研究所，現台灣大學）已經在京都大學提交新竹的城市研究，筆者便以那項成果為基礎，在黃先生企畫的中央研究院台灣史研究所主辦的國際研討會「第一回被殖民都市與建築」（二〇〇〇年九月七日）中發表了市區改正與寺廟整理之間的假說。然而，新竹關於寺廟整理的決定性資料實在太少，我認為無法深化研究。種種因素下，我選擇了市街規模較小、過往痕跡相對豐富，且可以指定為古蹟的寺廟也頗多的彰化。即使寺廟的某些土地建物因市區改正而被切除或遷移，狀態也保持得相當完整。岳父的出生地在彰化，我就跟老家的大伯借了腳踏車，將城內的巷道系統套上所有古巷與新路的一切，一遍又一遍地踩過。

爾後，我同樣涉足彰化縣內的鹿港、員林、北斗、田中等市鎮。在每個地方都交到不少朋友，帶領社區營造的工作者、寺廟管理委員會的阿伯、大學師生、圖書館、文獻館以及地政事務所等各相關公家機關經辦員，還有一邊經營小小書店一邊從事出版、寫作的文史工作者！

此間，很幸運地得到幾個研究補助：財團法人交流協會日台交流中心歷史研究者交流事業（二〇〇三年度）、大林都市研究振興財團（二〇〇三年度）、日本文部省科學研究費（二〇〇四～二〇〇六年度若手研究〔B〕研究編號一六七六〇五二五），特此銘謝。後來黃蘭翔先生再度策畫了「第二回被殖民都市與建築」（二〇〇四年十一月廿三日），在那半年之後，我獲得在東京大學舉行的《千年持続学フォーラム》（千年持續學論壇）中演講及討論的機會。那是東京大學村松伸先生主辦，關於都市持續性的公開研究會，其中一次是由早稻田大學中谷礼仁先生策畫的「都市の血、都市の肉」（都市的血、都市的肉；二〇〇五年四月九日）。都市（城市）的存在早於國家，都市也不會簡單死去。若真是如此，都市的血或肉為何？相當有意思的題目。我認為都市組織（urban tissue）的自我修復、自我重新組織，動態的自我維持系統等，才是都市論本質上的重要問題。而這項研究是我真正意識到這個問題的契機。我以當時的報告內容為本而寫下的是前著《彰化・一九〇六年～市区改正が都市を動かす》（彰化・一九〇六年～市區改正啟動城市）。並以此為本寫下《彰化一九〇六年》。對本書而言，此論壇具有決定性的意義。在此，請容我在此介紹本書日文版的出版組織「acetate」（アセテート）：

> 編輯出版組織體「acetate」所從事的，是早一步編輯及公開刊行那些尚未被世間所知的優異成果。本社名稱來自音樂工作者們為推銷作品製作、發送試聽片時，片子所使用的素材（醋酸鹽）。

acetate 由完全獨立的組織營運。若想作小規模出版，我們便為其尋求可能性，孜孜不倦關心日常生活及事物，努力維持運作，直到原本設定的預算耗盡為止。

二〇〇三年八月廿七日　acetate　中谷礼仁

呼應上述 acetate 的精神，前作《彰化一九〇六年》這次在台灣出版中文版就更具特別意義。同樣以前述「千年持續學論壇」為契機而誕生的黒田泰介著書《ルッカ一八三八年》（盧卡一八三八年[16]）於二〇〇八年被譯成義大利文，在盧卡當地刊行。雖然因為自己的怠惰而拖延了好些出版的時程，如今筆者也總算能實踐與 acetate 的約定，非常開心。

前作出版後，還獲得機會在下列與彰化或台灣城市有關的演講及論文執筆：

- "Reconsidering Urban Renewal Project Under the Japanese Colonial Rule : A Case Study on Changua, Taiwan"（ISAIA＝亞洲建築交流國際研討會，二〇〇六韓國大邱，二〇〇六年十月廿六日）

16 Lucca，位於義大利托斯卡尼的古城，鄰近比薩，保留完整十六、十七世紀城牆。

- "SUPERPOSITION OF THE URBAN FABRIC AND ITS REORGANIZATION：A Case Study on the Land Reorganization Process of Changhua, Taiwan"，（mAAN＝亞洲近代建築網脈國際會議，2006 Tokyo，二〇〇六年十一月三日）
- "Planned Colony / Lived Colony：Angle of Urban History"（韓國建築歷史學會特別研討會「植民都市的近代性」，二〇〇七年三月十七日）
- "Bridging the Gap：from my fieldwork in Taiwan"（韓國・國立藝術大學建築學科特別講義，二〇〇七年三月十九日）
- 〈マチとスマイの無意識～フィールドワークから考える（「町」與「住」的無意識～從田野調查思考）〉（神戸藝術工科大學環境設計學科演講會〔talk session〕二〇〇六年十一月二日）
- 〈台湾の町家形式と比較の視点〉（台灣的街屋形式與比較視點；日本建築學會大會歷史意匠部門PD資料集「東アジアから日本の都市住宅〔町家〕を捉える〔由東亞捕捉日本的都市住宅（街屋）〕」，二〇〇七年八月廿九日
- 〈町家の継承─台湾と日本〉（街屋的繼承─台灣與日本；特集：継承の知恵─保存・再生・無意識〔特集：繼承的智慧─保存・再生・無意識〕）《すまいろん》，通

卷九一号，二〇〇九年七月

- 〈震災の変質と住まいの変質～日本統治下台湾の震災と復興～〉（震災的變質與住居的變質～日本統治下台灣的震災與復興～）《すまいろん》八九期，二〇〇九年一月

本書以上述機會所得之成果與知識為基礎，又考量彰化在調查後數年間的變化，大幅增補前作《彰化一九〇六年》，尤其是後半部分。此外，前作以小而美為目標，相對地，新作不只增加照片等，還增列不少新作成的圖表（尤其是好幾張部分記錄市區改正前市街地的地圖）。這也意味著本書並非單純的中譯本，而是一本經過大幅增補的新書。

另外，筆者持續彰化的研究時，承蒙與陳正哲先生（南華大學）、角南聰一郎先生（元興寺文化財研究所）等學者共同走訪一般台灣漢人的家屋，研究其中的寢室。漢人原本的習慣應該是將睡床安置在地上，我們卻發現有些台灣人習慣將一部分或全部房間地板架高，鋪上棉被「雜魚寢」（不拘身體的朝向，擠在一起睡）。這樣的架高地板，台語稱為「總鋪」，客家話稱為「大眠床」、「大鋪院」。筆者為

了都市研究走遍各地的大街小巷，碰到坦率而親切的阿伯、阿姨打招呼時，常有機會進入他／她們家中，大多數的住家寢室裡就有這樣的高架床。岳母的娘家在台中神岡，雖然是三合院的形式，所有寢室卻都是高架床。從台中移居台北的妻，說她小時候到阿嬤家玩時也都是睡在榻榻米上。因為很想弄清楚高架床到底是怎麼形成，與日治前或現代台灣漢人的居住及生活樣式又是怎麼連結起來，我於二〇〇六年左右正式展開這方面的調查。事先雖然預想，這可不是一句「反正就是受到日本家屋的影響」這麼簡單的問題，不過隨著調查的進行，我們想探求所謂「寢室的變貌」，卻是超乎想像、關係到太多因素的複雜過程，牽涉到日治時期衛生狀態的改善、台灣漢人家族在人口學上及社會學上的變貌、漢人社會階層別的文化性規範意識、材料流通的變化、傳統的木作（大木、小木）技術系統，甚至還有原住民家屋的變貌等。這個研究也將在近期內整理成書，截至目前為止有下列發表成果：

- 〈台湾漢人住居にみられる「総鋪 chong-pho」の調査研究～日本植民地期以降の「眠床」─「和室」の結合とそのゆらぎ〉（從台灣漢人住居看「總鋪」的調查研究～日

治時期以降「眠床」—「和室」的結合及其變動；《住宅総合研究財団研究論文集（住宅綜合研究財團研究論文集》第卅四号），二〇〇八年三月

- 'Chóng-pho' (Sleeping Platform) in Han Taiwanese Dwellings : Review of the Relating Literatures of the Colonial and the Post-Colonial Periods, WhoseEA : International Conference on East Asian Architectural Culture in Tainan （東アジア建築文化国際会議〔東亞建築文化國際會議〕），二〇〇九年四月十二日
- "Several Prototypes and Developments of Immovable Sleeping Platform in Han Taiwanese Dwellings under the Japanese Colonial Rule : An Encounter of Taiwanese and Japanese Living Art", EAAC(East Asian Architectural Culture) International Conference, National University of Singapore （東アジア建築文化国際会議）。二〇一一年五月十二日

日本的殖民統治，廣泛而深遠地改變台灣城市景觀及日常生活，其程度超乎想像。但是，那個變貌同時也是更早以前城市及生活中早已具備的特質，那是這些特質一邊自行變化，一邊頑強扎根持續存活的身姿。今後，筆者將與更多

的夥伴親身造訪台灣的城市及住家，繼續探索何謂城市、何謂居住等課題。

本書是由內人，同時也是十多年來的共同研究者張亭菲，將筆者所撰的日文原稿譯為中文而成。承蒙原報社總編輯陳秀玲女士、吳秉聲先生（成功大學建築史）、陳穎禎先生（明治大學博士課程）等各先進潤稿及建議，特此銘謝。

最後，向從企畫到校正等受到多方關照，並賦予本書在台出版機會的大家出版表達衷心的感謝。

二〇一三年六月　青井哲人

彰化一九〇六

一座城市被烙傷，
而後自體再生的故事

作者：青井哲人 AOI Akihito
譯者：張亭菲 CHANG Ting Fei

美術設計：劉孟宗
印務主任：黃禮賢
行銷企畫：陳詩韻
責任編輯：陳又津、賴淑玲
編輯協力：張曉彤
副主編：宋宜真

總編輯：賴淑玲
社長：郭重興
發行人兼出版總監：曾大福

出版者：大家出版
www.facebook.com/commonmasterpress
發行：遠足文化事業股份有限公司
231 新北市新店區民權路 108-4 號 8 樓
電話 (02)2218-1417 傳真 (02)8667-1065
劃撥帳號 19504465
戶名：遠足文化事業有限公司
法律顧問：華洋法律事務所 蘇文生律師
定價：320 元
初版一刷 2013 年 10 月
初版二刷 2016 年 12 月

國家圖書館出版品預行編目 (CIP) 資料
彰化一九〇六：一座城市被烙傷，而後自體再生的故事
青井哲人作；張亭菲譯－初版－新北市：大家出版
遠足文化發行，2013.07 面； 公分
ISBN 978-986-6179-59-4(平裝)
1.都市計畫 2.彰化縣
445.133/121 102011539